普通高等院校"十三五"精品规划教材

实用 C 语言程序设计

主　编　曾建成
副主编（以汉语拼音为序）
　　　　蔡元宵　韩超　邵璐　王轶群　马　亮

哈尔滨工程大学出版社
Harbin Engineering University Press

内容简介

本书是为高等院校程序设计课程编写的教材，主要包括 C 程序设计概述，算法和程序，数据类型、运算符和表达式，程序结构，数组，函数，指针，结构体与共用体，文件等知识。

本书可供计算机专业的本科、职业院校学生使用，也可作为全国计算机等级考试参考书和对 C 语言程序设计感兴趣的读者的自学用书。

图书在版编目（CIP）数据

实用 C 语言程序设计 / 曾建成主编. —— 哈尔滨 ： 哈尔滨工程大学出版社，2019.7
ISBN 978-7-5661-2351-0

Ⅰ. ①实⋯ Ⅱ. ①曾⋯ Ⅲ. ①C 语言－程序设计－高等学校－教材 Ⅳ. ①TP312.8

中国版本图书馆 CIP 数据核字(2019)第 137907 号

责任编辑　王俊一
封面设计　赵俊红

出版发行	哈尔滨工程大学出版社
社　　址	哈尔滨市南岗区南通大街 145 号
邮政编码	150001
发行电话	0451-82519328
传　　真	0451-82519699
经　　销	新华书店
印　　刷	唐山唐文印刷有限公司
开　　本	787 mm×1 092 mm　　1/16
印　　张	16.5
字　　数	422 千字
版　　次	2019 年 7 月第 1 版
印　　次	2022 年 1 月第 2 次印刷
定　　价	48.00 元

http://www.hrbeupress.com
E-mail：heupress@hrbeu.edu.cn

前　言

C 语言是当今软件开发领域里广泛使用的计算机语言之一。C 语言具有概念简洁，数据类型丰富，运算符多样，表达方式灵活，程序结构性和可移植性好等特点。C 语言既可以有效描述算法，也可以直接对硬件进行操作，适合编写系统程序和应用程序。

随着高校应用型转型的飞速发展，产教融合的进一步深化，按照普通高等教育 C 语言程序设计课程教学大纲的基本要求，本书充分体现了"必需、够用"的原则，知识叙述简明扼要、通俗易懂，内容安排由浅入深、循序渐进，同时注意突出重点、分散难点。本书全面介绍了 C 语言的基本概念、基本语法、数据类型、程序结构及计算机高级语言程序设计的方法和常规算法。

本书共 9 章，分别为 C 程序设计概述，算法和程序，数据类型、运算符和表达式，程序结构，数组，函数，指针，结构体与共用体，文件。本书中所有例题均在 Turbo C 2.0 及 Win-TC 中调试通过，可以直接引用。

本书由宁夏大学的曾建成教授任主编，由宁夏大学新华学院的蔡元宵、韩超、邵璐、王轶群和马亮任副主编，各自承担了部分章节的撰写工作。全书由曾建成教授编写大纲并统稿。本书为宁夏大学新华学院应用型转型教改项目成果。本书在编写过程中，得到了宁夏大学新华学院的大力支持与帮助，在此表示诚挚的感谢。本书相关资料可扫封底二维码或登录 www.bjzzwh.com 获得。

本书可供计算机专业的本科生、大专生使用，也可作为全国计算机等级考试参考书和对 C 语言程序设计感兴趣的读者的自学用书。

本书在编写过程中，难免有疏漏和不当之处，敬请各位专家及读者不吝赐教。

编　者

目　录

第1章　C程序设计概述

本章知识点

➢ 程序设计语言
➢ C程序的产生与发展
➢ C程序的结构与上机步骤

重点与难点

➲ C语言标识符
➲ C程序的结构

1.1　程序设计语言

程序设计语言按照书写形式和思维方式的不同，可分为低级语言和高级语言两大类。低级语言包括机器语言和汇编语言。

1.1.1　低级语言

1. 机器语言

我们已经知道，要使用计算机解决一个问题，必须先编制好程序。程序是由一系列指令组成的。机器语言是以二进制代码的形式来表示这些基本指令集合的。它是计算机系统唯一能够直接识别和执行的程序设计语言。它的优点是运算速度快，每条指令均为由 0 和 1 组合起来的代码串，由操作码和操作对象两部分组成。

其中，操作码用来指出运算种类，如"加""减""乘""除""跳转"等，操作对象用来指示参与运算数据保存的位置，如存储器的某个地址或某个寄存器等。该语言的缺点是每一条指令相当于一个单词或短语，缺乏表达复杂长句子的语法结构和能力，可读性差，难查错，难修改。就如同一个咿咿呀呀学说话的婴儿，难以沟通和交流信息。鉴于此，研究工作中很快就发明和产生了比较易于阅读和理解的汇编语言。

2. 汇编语言

汇编语言实际上是由一组汇编指令构成的语言，与机器语言相比，它可以用指令英文名称的缩写字符串来表示其所代表的操作，用标号和符号来代表地址、常量和变量。如："ADD AX, BX;"实现将两个寄存器 AX 与 BX 中的数相加的功能。这种方式便于识别和记忆，执行效率也较高。因为计算机只能识别机器指令，所以汇编语言指令写的程序不能在计算机系统上直接执行，需要借助汇编语言翻译程序（简称汇编程序），将这种符号化的语言转换成可以直接执行的机器指令程序，才能被执行。

1.1.2 高级语言

高级程序设计语言（简称高级语言）是指用于描述计算机程序的类自然语言。它是程序设计发展的产物，它屏蔽了机器的细节，提高了语言的抽象层次。高级语言采用接近自然语言和数学语言的语句，易学、易用、易维护，并且在一定程度上与机器无关，给编程带来了极大方便。

针对不同的应用领域，人们设计出几百种各具特点的高级语言，目前常用的也有几十种。例如：适合初学者的 BASIC 语言，易学易用；适用于科学计算的 FORTRAN 语言，具有强大的数值计算功能；适用于商业和管理领域的 COBOL 语言；第一个系统体现结构化程序设计思想的 PASCAL 语言适用于教学之中。在这些计算机语言中，C 语言既具有其他高级语言的优点，又具有低级语言的许多特点，它功能丰富，移植性强，编译质量高，被称为适用最广泛的计算机语言之一。

1.2 C 语言基本知识

1.2.1 C 语言的产生和发展

1. 起源

C 语言的历史可以追溯到 20 世纪 60 年代末期，可以说 C 语言是在贝尔实验室 Ken Thompson、D. M. Ritchie 及其他同事在开发 UNIX 操作系统的过程中的副产品。Thompson 独自用汇编语言编写了 UNIX 操作系统的最初版本，但用汇编语言编写的程序往往难以调试和改进，UNIX 系统也不例外。Thompson 意识到需要用一种更加高级的编程语言来完成 UNIX 系统未来的开发，于是他设计了一种小型的 B 语言。Thompson 的 B 语言是在 BCPL（basic combined programming language）语言的基础上开发的（BCPL 语言是 20 世纪 60 年代中期产生的一种系统编程语言），而 BCPL 语言的起源又可以追溯到一种最早的且影响最深远的 ALGOL60 语言。

不久，Ritchie 也加入到 UNIX 项目，并且开始着手用 B 语言编写程序。1970 年，贝尔实验室为 UNIX 项目争取到一台 PDP-11 计算机。当 B 语言经过改进并且运行在了 PDP-11 计算机上时，Thompson 就用 B 语言重新编写了部分 UNIX 代码。到了 1971 年，B 语言已经暴露出非常不适合 PDP-11 计算机的问题，于是 Ritchie 开始开发 B 语言的升级版。他最初将新开发的语言命名为 NB 语言（意为 "New B"），但是后来，新语言越来越脱离 B 语言，于是他决定将它改名为 C 语言。到 1973 年，C 语言已经足够稳定，可以用来重新编写 UNIX 系统了。

2．标准化

整个 20 世纪 70 年代，特别是 1977 年到 1979 年之间，C 语言一直在持续发展。1977 年出现了不依赖于具体机器的 C 语言编译文本《可移植 C 语言编译程序》，使 C 程序移植到其他机器时所需做的工作大大简化了。1978 年，Brian Kernighan 和 Dennis Ritchie 合作编写并出版了影响深远的名著 *The C Programming Language*。此书一经出版就迅速成为了 C 程序员的宝典。由于当时缺少 C 语言的正式标准，因此这本书就成为了事实上的标准，编程爱好者把它称为 "K&R" 或者 "白皮书"。

1983 年，美国国家标准化协会（American National Standards Institute，ANSI）开始编制 C 语言标准。经过多次修订，C 语言标准于 1988 年完成，并且在 1989 年 12 月正式通过，成为 ANSI 标准 X3.159-1989。1990 年，国际标准化组织（International Organization for Standardization ISO）通过此项标准，将其作为 ISO/IEC 9899-1990 国际标准。我们把这些标准中描述的 C 语言称为 "ANSI C"（标准 C）。虽然经常把 "K&R" 第 1 版中描述的 C 语言称为 K&R C。

1.2.2　C 语言的特点

由于 C 语言预期的用途（编写操作系统和其他系统软件）和 C 语言自身的基础理论体系，C 语言有自己的优缺点。概括来讲，其主要特点如下。

（1）高效性。高效性是 C 语言与生俱来的优点之一。因为 C 语言原来就用于编写传统的由汇编语言编写的应用程序，所以快速运行并占用有限内存就显得至关重要了。实验表明，针对同一问题，C 语言的代码效率只比汇编语言低 10%～20%。

（2）可移植性。移植是指程序从一个环境不加改动或稍加改动就可以在另一个环境中运行。C 语言编译器规模小且容易编写，这使得此种编译器得以广泛应用。

（3）功能强大。C 语言拥有一个数据类型和运算符的庞大集合，这个集合使得 C 语言具有强大的表达能力，往往寥寥几行代码就可以实现许多功能。

（4）系统级操作。C 语言可以直接访问物理地址，能进行位（bit）操作，能实现汇编语言的大部分功能，可以直接对硬件进行操作，是一种适合系统编程的语言，而这些却是其他编程语言试图隐藏的内容。

（5）灵活性。虽然 C 语言最初的设计目的是系统编程，但是没有固有的约束将它限制在此范围内。C 语言现在可以用于编写从嵌入式系统到商业数据处理的各种应用程序。C 程序比其他程序简练，源程序短，采用的表达方式简洁，书写形式自由。虽然灵活性可能会让某些错误溜掉，但是它却使编程变得更加轻松。

（6）标准库。C 语言的一个突出优点就是它的标准库，包含了数百个函数，这些函数可以用于输入/输出、字符串处理、存储分配以及其他一些实用的操作。

1.2.3　C 语言的字符集

C 语言的字符集是用来书写源程序清单时允许出现的所有字符的集合，字符是组成语言的最基本的元素。C 语言字符集由字母（小写字母 a～z 共 26 个，大写字母 A～Z 共 26 个）、数字（0～9 共 10 个）、空格、标点和特殊字符组成。在字符常量、字符串常量和注释中还可以使用汉字或其他可表示的图形符号。

1.2.4　C 语言的标识符

在编写程序时，需要对变量、函数、数组、宏和其他实体进行命名，这些名字称为标识符（identifier）。简单地说，标识符就是一个名字。在 C 语言中，标识符可以含有字母、数字和下划线，但是都必须以字母或者下划线开头。

几种合法和非法的标识符：

合法	非法
student	5student（以数字开头）
_ok	ok?（含有特殊字符"?"）
student_num	student.num（标识符中不能含"."，只能含下划线）

C 语言是区分大小写的。也就是说，在标识符中 C 语言区别大写字母和小写字母。例如，下列所示的标识符全是不同的。

job　joB　jOb　jOB　Job JoB JOb JOB

上述 8 个标识符可以全部同时使用，且每一个都有完全不同的意义。因为 C 语言是区分大小写的，许多程序员都会遵循在标识符命名时只使用小写字母的规则（宏命名除外）。标准 C 对标识符的最大长度没有限制，所以不用担心不能使用过长的描述性名字。

1.2.5　C 语言的关键字

关键字又称保留字，是一种预先定义的、具有特殊意义的标识符。用户不能重新定义关键字，也不能把关键字定义为一般的标识符，如关键字不能作变量名、函数名等。表 1-1 是标准 C 的所有关键字。C 语言的关键字有类型标识符、控制流标识符、预处理标识符等。所有的关键字均用小写字母。

表 1-1　标准 C 的所有关键字

auto	double	int	struct
break	else	long	switch
case	enum	register	typedef
char	extern	return	union
const	float	short	unsigned
continue	for	signed	void
default	goto	sizeof	volatile
do	if	static	while

1.3　C 程序的结构

下面以 1 个简单的 C 程序为例，分析 C 程序的组成特性。

【例 1.1】在计算机屏幕上输出一行文字"Welcome!"。

实现这个功能的 C 语言源程序如下：

```
# include <stdio.h>
```

```
int main（）
{
    printf（"Welcome! \n"）;
    return 0;
}
```

图 1-1 例 1.1 运行结果

运行结果如图 1-1 所示。

即使是最简单的 C 程序也依赖 3 个关键的语言特性：命令行（在编译操作前修改程序的编辑命令），函数（被命名的可执行代码块，例如 main 函数）和语句（程序运行时执行的命令）。

在编译 C 程序之前，预处理器会首先对 C 程序进行编辑。我们把预处理器执行的指令称为命令。后面会详细介绍这部分内容，这里只关注#include 命令。在上面程序中的第 1 行# include <stdio.h>通常称为命令行，这条命令说明，在编译前把<stdio.h>中的信息"包含"到程序中。<stdio.h>包含了关于 C 标准输入/输出库的信息。C 语言拥有大量类似于<stdio.h>的头文件。每个头文件都包含一些标准库的内容。这段程序中包含<stdio.h>的原因是：C 语言不同于其他的编程语言，它没有内置的"读"和"写"命令，因此，进行输入/输出操作就需要用标准库中的函数来实现。所有命令行必须用"#"开头，这个字符可以把 C 程序中的指令和其他代码区分开来。默认情况下，命令行是一行，命令行的结尾既没有分号也没有其他特殊标记。

在 C 语言中，函数仅仅是一系列组合在一起并且被赋予了名字的语句。函数类似于其他编程语言中的"过程"或"子程序"，它们是用来构建程序的构建块。事实上，一个 C 程序就是一个函数的集合。函数分为两大类：一类是用户编写的函数，另一类则是由 C 语言的编译器提供的库函数（library function）。

在上面的程序中，main 表示"主函数"，C 语言规定必须用 main 作为主函数名。其后的一对圆括号中间可以是空的，但这一对圆括号不能省略。程序中的第二行 main（）是主函数的起始行。在函数的起始行后面是函数体。函数体由大括号{}括起来。一个 C 程序可以包含任意多个不同名的函数，但必须有一个而且只能有一个主函数。一个 C 程序总是从主函数开始执行。

语句是程序运行时执行的命令。本例中主函数只有一个输出语句，printf 是 C 语言中的输出函数。双引号内的字符串原样输出。"\n"是换行符，即在输出"Welcome!"后回车换行。C 程序规定，每条语句都以分号结束。

【例 1.2】已知矩形的两条边长分别是 3 和 4，求矩形的面积。

参考程序如下：

```
# include <stdio.h>
int main （）
{
    int a,b,area;              /* 定义 a、b 和面积 area 为整型变量 */
    a=3;                       /* 给矩形两条边赋值*/
    b=4;
    area=a*b;                  /* 求出面积将值赋给 area */
    printf（"a=%d,b=%d,area=%d\n",a,b,area）; /* 输出矩形的两条边长和面积*/
```

```
    return 0;
```

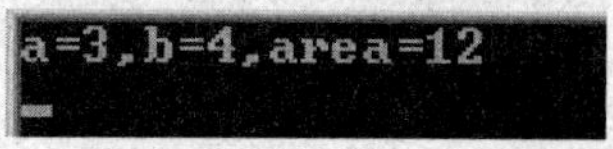

```
}
```

图 1-2　例 1.2 运行结果

运行结果如图 1-2 所示。

上面程序的作用实际是求 a、b 两个数的乘积。"/* …… */" 语句，其目的是增强程序的可读性。注释部分必须用 "/*" 和 "*/" 包围。"/*" 和 "*/" 必须成对地出现，"/" 和 "*" 之间不可以有空格。注释可以用英文，也可以用中文。注释可以出现在程序中任何合适的地方。它既可以单独占行也可以和其他程序文本出现在同一行中。注释部分对程序的运行不起作用

程序第 4 行是定义部分，定义变量 a 和 b，指定 b 为整型（int）变量。第 5 行起的两个语句是赋值语句，使 a 和 b 的值分别为 3 和 4。第 7 行使 area 的值为 a*b，第 8 行中"%d"是控制输入输出的 "格式字符串"，用来指定输入输出时数据类型和格式，"%d" 表示十进制整数类型。在执行输出时，"%d" 将由 a、b 和 area 的值取代，"a="、"b=" 和 "area=" 原样输出。

一般地，简单的 C 程序具有如下形式。

```
/*第一部分：编译预处理语句*/
/*自定义类型或全局变量定义*/
…
/*第二部分：子函数的声明或定义*/
…
/*第三部分：主函数*/
main（）
{
变量声明与定义语句;
可执行语句;
}
/*第四部分：子函数定义*/
……
```

通过以上几个程序例子，可以看到一个 C 程序的结构有以下特点。

（1）一个 C 程序至少包含一个 main 函数，或者包含一个 main 函数和若干个其他函数。也就是说，C 程序是由函数构成的，函数是 C 程序的基本单位。其他函数可以是系统提供的标准库函数，也可以是用户根据实际需要自己设计编写的函数。

（2）一个函数的基本结构如下。

```
函数类型 函数名（函数参数类型 函数参数名，…）
{声明部分;
执行部分;
}
```

其中的声明部分和执行部分合在一起又被称为函数体。

在 C 语言中，也允许函数体是空的，这种函数被称为空函数。如：

```
dump（）
{ }
```

空函数什么也不做，但它是合法的。我们在设计调试一些大型程序时可以在某些地方

放置一个空函数。

（3）C 程序的执行都是从 main 函数开始，并且一定结束于 main 函数，而不管 main 函数在程序中的位置如何。

（4）函数体中的每一个语句都要以分号结束。C 语言的书写格式是非常自由的，我们可以把多个语句写在一行上，也可以把一个语句分写在多行上，系统是以分号判断一个语句结束的。

（5）在程序的任何地方都可以加入以 "/*" 和 "*/" 包围起来的注释，注释的作用是增加程序的可读性，它并不被系统执行。

（6）C 语言中大小写字母是严格区分的。例如：main 如果任何一个字母写成大写就是错的。这一点我们在使用时要特别注意。

1.4　C 程序的上机步骤

通过前面的学习，我们了解到要使计算机能按照人的意图工作，就要根据问题的具体要求，编写相应的程序。程序是一组计算机可以识别和执行的指令，每一条指令使计算机执行特定的操作。程序可以用高级语言或汇编语言编写，用高级语言或汇编语言编写的程序称为源程序。

C 程序源程序的扩展名为 ".c"。因为计算机只能识别和执行由 0 和 1 组成的二进制指令，所以源程序不能直接在计算机上执行，需要用 "编译程序" 将源程序翻译为二进制形式的 "目标程序"。目标程序的扩展名为 ".obj"。目标代码尽管已经是机器指令，但是还不能运行，因为目标程序还没有解决函数调用问题，需要将各个目标程序与库函数连接，才能形成完整的可在操作系统下独立执行的程序，称为 "可执行程序"。可执行程序的扩展名为 ".exe"。图 1-3 表示了一个 C 语言程序经过编辑、编译、连接到运行的全过程。

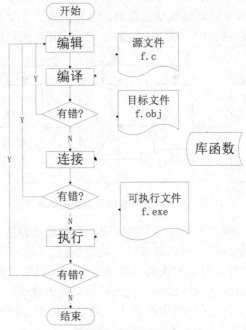

图 1-3　C 程序的上机步骤

第2章 算法和程序

本章知识点

➤ 程序设计的基本步骤
➤ 算法及算法的特性
➤ 算法的描述方法
➤ 结构化程序设计方法

重点与难点

➥ 用流程图表示算法
➥ 常用算法举例

2.1 程序设计的基本步骤

程序设计是运用计算机解决问题的一种方式，通常从对实例问题的分析着手，设计合适的算法，进而转化成某种计算机语言编写的程序并输入到计算机，经调试后执行这个程序，最终达到解决问题的目的。图 2-1 给出了利用计算机解决问题的基本过程。

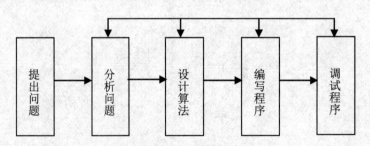

图 2-1 利用计算机解决问题的基本过程

程序设计语言是实现"人机对话"的桥梁，程序设计的基本过程是指从确定任务到得到结果、写出文档的全过程，可以分成以下几个步骤。

（1）分析问题。首先对要解决的问题进行分析，对要处理的对象进行调查，研究所给定的条件，分析最后应达到的目标，找出解决问题的规律，选择解题的方法。

（2）设计算法。根据用户提出的要求，确定数据的组织形式和数据结构，针对存放数据的数据结构来确定解决问题的方法和具体步骤。

（3）编写程序。使用选定的计算机语言编写程序代码，把流程图描述的算法用计算机语言描述出来，变成能由计算机运行的目标程序。

（4）调试程序。调试程序就是对送入计算机的程序进行编译、排错、试运行的过程，调试的结果是得到一个能正确运行的程序。程序中常见的错误有两种：一种是语法错误；另一种是逻辑错误。语法错误一般会在源程序被编译时由编译程序及时发现，因此相对比较容易排除，而程序的逻辑错误常常是潜在的。

2.2　算法的基本知识

2.2.1　算法的概念

做任何事情都有一定的步骤。为解决一个问题而采取的方法和步骤，就称为算法。计算机算法是为实现某个任务而构成的简单指令集，是有穷的计算过程。它规定了在程序中对数据进行正确处理的运算步骤。世界著名的计算机科学家 Nikiklaus Wirth 提出的公式为

$$数据结构+算法=程序$$

本书认为

$$程序=算法+数据结构+程序设计方法+语言工具和环境$$

这 4 个方面是一个程序设计人员所应具备的知识。在程序设计当中，算法是灵魂，数据结构是加工对象，算法解决的是"做什么"和"怎么做"的问题。程序中的操作语句，就是对算法的体现。计算机算法可分为以下两大类。

（1）数值运算算法：求解数值。

（2）非数值运算算法：事务管理领域。

下面通过实例说明如何根据问题给出确定的算法。

【例 2.1】输入 10 个数，找出其中最大的数，并输出。

分析：解决此类问题的一般思路是引入一个变量 max 保存最大数。先将输入的第一个数存入 max，然后输入第二个数并与 max 比较，如果大于 max，则用它取代 max 的原值。再输入第三个数，做同样的操作。依次进行下去，直到所有数据输入完为止。

除变量 max 外，还要引入一个变量 i 累计已输入数据的个数，一个变量 x 暂时存放当前输入的数据，算法描述如下。

Step1：输入一个数，存放在一个变量 max 中。

Step2：设置用来累计比较次数的计数器 i（也是一个变量），并给 i 赋初值 1，即 $1 \to i$。

Step3：输入一个数，存放在另一个变量 x 中。

Step4：比较 max 和 x 中的数，若 x>max，则将 x 的值送入 max；否则，max 的值不变。

Step5：i 增加 1，即 $i+1 \to i$。

Step6：若 i<9，则返回 Step3，继续执行；否则，输出 max 中的数，此时 max 中的数即为最大数。

（说明：在算法描述中经常使用"=>"或"→"表示赋值。）

【例 2.2】求 1×2×3×4×5 的值。

方法 1：

Step1：先求 1×2，得到结果 2。

Step2：将步骤 1 得到的乘积 2 乘以 3，得到结果 6。

Step3：将 6 再乘以 4，得 24。

Step4：将 24 再乘以 5，得 120，这就是最后的结果。

以上步骤是按照常规数学方法计算得到的结果，这样的算法虽然是正确的，但表述起来过于烦琐。如果要计算 100 以内的所有数的积，则要写 99 个步骤，这显然是不可取的。

对于此类问题需要进一步寻找规律。如果设两个变量，一个变量代表被乘数，一个变量代表乘数，每一步的乘积放在被乘数变量中，每做一次乘法运算后，使乘数的值增加 1，则可以使用循环算法求出结果。设 t 为被乘数，i 为乘数，具体表述如下。

方法 2：

Step1：$1 \to t$

Step2：$2 \to i$

Step3：$t \times i \to t$

Step4：$i+1 \to i$

Step5：若 i≤5，返回步骤 Step3；否则，算法结束。

如果采用此方法来计算 100!，只需将 Step5 中 i≤5 改成 i≤100 即可。

该算法不仅正确，而且是计算机较好的算法，因为计算机是高速运算的自动机器，实现循环轻而易举。在确定算法时，对同一个问题，可能有不同的解决方法和步骤，即有多种算法。有的算法可能只需要很少的步骤而有些算法则需要较多的步骤。一般而言，应该选择易于理解、简单、步骤少的算法。所以在进行算法设计时，不仅要保证算法的正确性，还要考虑算法的质量，选择合适的算法。

2.2.2　算法的特性

算法是指为解决某个特定问题而采取的确定且有限的步骤。一个算法应当具有以下五个特性。

（1）有穷性：一个算法包含的操作步骤应该是有限的。

（2）确定性：算法中每一条指令必须有确切的含义，不能有二义性，对于相同的输入必须能得到相同的执行结果。

（3）可行性：算法中指定的操作，都可以通过已经验证过可以实现的基本运算执行有限次后实现。

（4）有 0 个或多个输入：在计算机上实现的算法是用来处理数据对象的，在大多数情况下这些数据对象需要通过输入来得到。

（5）有一个或多个输出：算法的目的是为了求解，这些解只有通过输出才能得到（注意：算法要有一个以上的输出）。

2.3 算法的描述方法

为了描述一个算法，可以用多种不同的表示方法。常见的表示方法有自然语言、流程图、N-S 图和伪代码等。当然，在计算机上运行的算法要用计算机语言来描述。

2.3.1 用自然语言表示算法

自然语言就是人们日常使用的语言。一般说来，用自然语言表示算法易于理解，但文字冗长，表示的含义也不太严格，往往要根据上下文来判断其正确含义，比较容易出现"歧义"。此外，对于包含分支或循环结构的算法，也不便于用自然语言描述。因此，除了很简单的问题，一般不用自然语言表示算法。

2.3.2 用流程图表示算法

1. 传统的流程图

流程图是算法的图形描述工具。流程图表示算法，直观形象，易于理解。可以清晰地反映设计人员的思路，具有直观、清晰、易于学习和掌握的特点，是表示算法的较好的工具。一个流程图主要包括以下几个部分。

（1）表示相应操作的框。

（2）带箭头的流程线。

（3）框内外必要的文字说明。

ANSI 规定了一些常用的流程图符号，如表 2-1 所示，目前已为世界各国程序设计人员普遍采用。

表 2-1 常用的流程图符号

流程图符号	名称	含义
⬭	起止框	表示程序的开始或结束
▱	输入输出框	表示输入或输出操作
◇	判断框	表示对一个给定条件进行判断，根据给定条件是否成立来决定如何执行其后的操作，它有一个入口，两个出口

（续表）

流程图符号	名称	含义
	处理框	表示算法的某个处理步骤，一般内部常常填写赋值操作
	流程线	是一些带箭头的直线，它们用来表程序执行的流向
○	连接点	为流程图间断处使用的连接符号，圈中可以标注一个字母或数字。同一个编号的点是相互连接在一起的，实际上同一编号的点是同一个点，只是画不下才分开画

下面通过例子说明流程图的使用。

【例 2.3】用流程图表示例 2.1 的算法（求从键盘输入的 10 个数中的最大值）。
如图 2-2 所示。其中菱形框两侧的"Y"和"N"分别表示"是"（Yes）和"否"（No）。

【例 2.4】用流程图表示例 2.2 的算法（求 $1 \times 2 \times 3 \times 4 \times 5$ 的值）。
如图 2-3 所示。

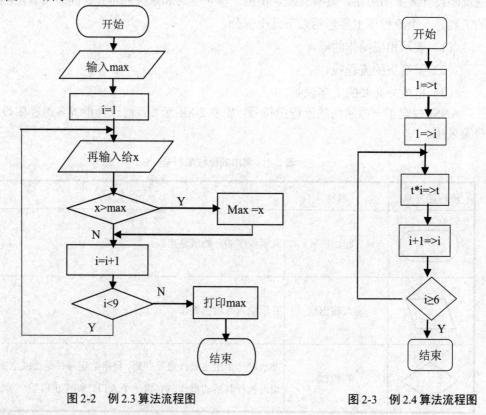

图 2-2　例 2.3 算法流程图　　　　　　　　图 2-3　例 2.4 算法流程图

2．用流程图表示三种基本结构

1966 年，Bohra 和 Jacopini 提出了以下三种基本结构，通常用这三种基本结构来作为表示一个良好算法的基本单元。

（1）顺序结构，如图 2-4 所示。其中 A 和 B 两个框是顺序执行的，即先执行 A 的操作，再接着执行 B 的操作。顺序结构是最简单的一种基本结构。

（2）选择结构，也称为分支结构，如图 2-5 所示。在该结构中包含一个判断框，根据给定的条件 P 是否成立来选择是执行 A 的操作还是执行 B 的操作。值得注意的是，无论条件是否成立，只能在 A 或 B 中选择一个执行，不能既执行 A 的操作又执行 B 的操作。但是允许 A 或 B 中有一个是空的，即不执行任何操作。

（3）循环结构，也称为重复结构，即反复执行某一部分的操作。它又可分为以下两种类型。

①当型（while 型）循环结构，如图 2-6（a）所示。它的功能是当给定的条件 P1 成立时，执行 A 的操作，执行完成后，再判断条件 P1 是否成立，如果仍然成立，继续执行 A 的操作，如此反复执行，直到某一次条件 P1 不成立时为止，此时不再执行 A 的操作，退出该循环结构。

②直到型（until 型）循环结构，如图 2-6（b）所示。它的功能是先执行 A 的操作，然后判断给定条件 P2 是否成立，如果条件不成立，再执行 A 的操作，执行完成后，再对条件 P2 作判断，如果仍然不成立，继续执行 A 的操作，如此反复执行，直到给定的条件 P2 成立时才停止执行 A 的操作，退出该循环结构。

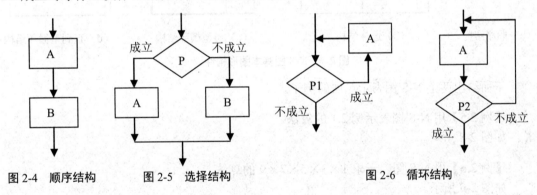

图 2-4　顺序结构　　　图 2-5　选择结构　　　图 2-6　循环结构

（a）while（当型）循环　（b）until（直到型）循环

三种基本结构的共同特点如下。

（1）只有一个入口。

（2）只有一个出口。

（3）结构内的每一部分都有机会被执行到。

（4）结构内不存在"死循环"。

任何复杂问题，都可以通过这三种基本结构的组合完成。由这三种基本结构组成的算法属于结构化算法，由这三种基本结构编写的的程序就是结构化程序，这种程序便于编写、阅读、修改和维护。

用流程图表示的算法直观形象，比较清楚地显示出各个框之间的逻辑关系，因此得到广泛使用。每一个程序编制人员都应当熟练掌握流程图，会看会画。通常，绘制流程图可以使用流程图设计工具，如 Visio。

2.3.3 用 N-S 图表示算法

在传统流程图中，由于流程线的随意性，易使流程图变得毫无规律，大大降低了算法的可读性，随着问题规模和复杂程度的增加，流程图的结构将变得非常复杂。1973 年美国学者 Nassi 和 Shneiderman 提出了一种新的流程图形式——N-S 图。它完全去掉了流程图中引起麻烦的流程线，全部算法写在一个矩形框内，在该框内还可以包含其他的从属于它的框。这种流程图非常适合于结构化的程序设计。

N-S 图中规定了五种基本图形构件，如图 2-7 所示。

图 2-7（a）表示按顺序先执行 A 操作，再执行 B 操作。

图 2-7（b）表示若条件 P 成立执行 A 操作，否则执行 B 操作。

图 2-7（c）和图 2-7（d）表示两种类型的循环结构，P 为循环条件，A 为重复执行的操作。图 2-7（c）是当型循环结构，先判断条件 P 是否成立，再执行 A 操作；图 2-7（d）是直到型循环结构，先执行 A 操作，再判断条件 P 是否成立。

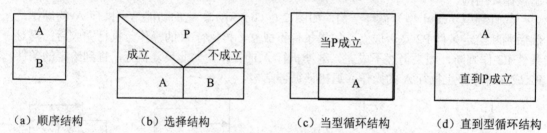

（a）顺序结构　　　（b）选择结构　　　（c）当型循环结构　　　（d）直到型循环结构

图 2-7　N-S 图基本图形构件

下面给出两个 N-S 图表示算法的例子。

【例 2.5】用 N-S 图表示例 2.1 的算法。

如图 2-8 所示。

【例 2.6】用 N-S 图表示求 $1 \times 3 \times 5 \times 7 \times 9$ 的算法。

如图 2-9 所示。

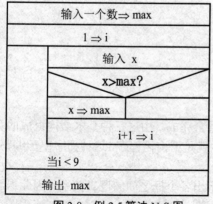

图 2-8　例 2.5 算法 N-S 图

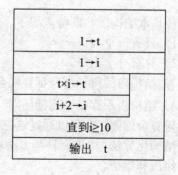

图 2-9　例 2.6 算法 N-S 图

2.3.4　用伪代码表示算法

伪代码使用介于自然语言和计算机语言之间的文字和符号来描述算法。

【例 2.7】用伪代码表示例 2.2 的算法。

采用当型循环，用伪代码表示例 2.2 的算法，描述如下：

开始		BEGIN（算法开始）
置t 的初值为1	或者写成：	1 => t
置 i 的初值为1		1 => i
当 i <10，执行下面操作：		while　i <10
使 t = t * i		{ 　t * 　i => t
使 i = i +2		i + 2 => i
（循环到此结束）		}
打印 t 的值		print 　t
结束		END（算法结束）

用伪代码描述的算法书写格式比较自由，易于修改，便于向计算机语言算法过渡。但是，它不如流程图或 N-S 图直观，且容易出现逻辑上的错误。因此，该方法一般为软件专业人员所使用。

2.3.5　用计算机语言表示算法

我们的任务是用计算机解题，就是用计算机实现算法；用计算机语言表示算法必须严格遵循所用语言的语法规则。

【例 2.8】求级数的值。

参考程序如下：

```
main（）
{
int sigh=1;
float deno=2.0,sum=1.0,term;
while（deno<=100）
{ sigh= -sigh;
  term= sigh/ deno;
  sum=sum+term;
  deno=deno+1;
  }
  printf（"%f",sum）;
```

2.4 算法设计举例

算法可分为两大类别：数值运算算法和非数值运算算法。数值运算的目的是得到数值解，例如求解方程的根或函数的定积分运算等。而非数值运算应用的范围更为广泛，最常见的是用于事务管理领域，例如信息检索、人事管理等。

2.4.1 顺序结构算法设计

【例 2.9】有两个变量 x 和 y，要求将它们的值互换。

在程序设计中，这是一个极为常见的问题。为了进行两个变量的互换，需要引入第三个变量进行过渡（就像将一瓶醋和一瓶酱油互换，必须找一个空瓶子作为过渡一样），在这里我们引入变量 t。算法描述如下：

Step1：x→t　（将 x 的值赋给变量 t）

Step2：y→x　（将 y 的值赋给变量 x）

Step3：t→y　（将 t 的值赋给变量 y）

经过以上三个步骤，实现了两个变量值的交换。

2.4.2 选择结构算法设计

【例 2.10】个人所得税采用分段计算的方法，当收入越高，征收的税率也越高。设某个城市的征收标准如下。

起征点：1000 元，即 1000 元以下的部分不征税。

1000～1500 元部分，按 5%税率征收。

1500～4000 元部分，按 10%税率征收。

4000 元以上部分，按 20%税率征收。

要求编写程序，根据输入的月收入计算并显示应纳所得税额，保留两位小数。

分析：该问题属于分段函数的应用，首先要根据题意给出函数表达式。设工资为 x，个人所得税额为 p，则由题意可得如下函数表达式：

$$p=\begin{cases} 0 & (x\leqslant1000) \\ 0.05*(x\text{-}1000) & (1000<x\leqslant1500) \\ 500*0.05+0.1*(x\text{-}1500) & (1500<x\leqslant4000) \\ 500*0.05+0.1*2500+0.2*(x\text{-}4000) & (x>4000) \end{cases}$$

对于分段函数问题主要是判断变量的取值范围，根据变量的取值来决定选择哪一个表达式进行计算。

例如，若某人月收入为 2800 元，因为 1500<2800≤4000，符合第三个表达式，所以此人应纳所得税额为

500*0.05+（2800-1500）*0.1=155 元

用传统流程图描述算法如图 2-10 所示。

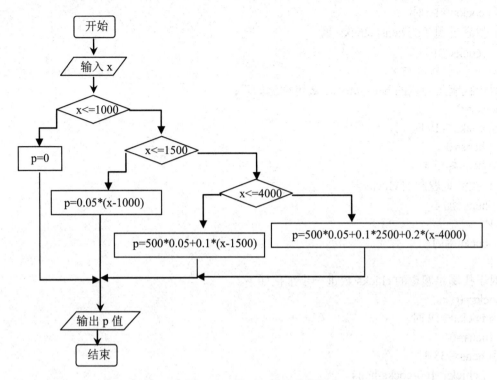

图 2-10 例 2.10 算法流程图

2.4.3 循环结构算法设计

循环结构算法设计常用于解决连乘问题，如：求正整数 $n!$；累加问题，如求 $\sum_{n=1}^{100} n$；累试问题，如中国古典《算经》中提出的"百鸡问题"；递推问题，如杨辉三角形；最值；排序问题等。

累试问题就是要求对可能是解的众多候选解按某种顺序进行逐一枚举和检验，并从中找出那些符合要求的候选解作为问题的解。

递推问题实际上是需要将问题抽象为一种递推关系，然后按递推关系求解。递推通常表现为两种方式：一是从简单推到一般；二是将一个复杂问题逐步推到一个已知解的简单问题。这两种方式反映了两种不同的递推方向，前者往往用于计算级数，后者与"回归"配合成为递归算法。

【例 2.11】张丘建《算经》中提出"百鸡问题"：鸡翁一值钱五，鸡母一值钱三，鸡雏三值钱一，百钱买百鸡。问鸡翁、鸡母、鸡雏各几何？

分析：鸡翁、鸡母、鸡雏分别用变量 cocks、hens、chicks 表示，它们具有以下关系：
cocks + hens + chicks = 100
5 * cocks +3* hens + chicks/3 =100
其中：$0 \leqslant cocks \leqslant 19$；$0 \leqslant hens \leqslant 33$；$0 \leqslant chicks \leqslant 100$。
解题思路：依次取 cocks 的值域中的值，然后求其余两数，判断是否合乎题意。
算法描述如下：
cocks=0

当 cocks≤19 时
{ 找满足题意的 hens, chicks 数
    cocks 加 1
}
对于找满足题意的 hens, chicks 数可细化如下：
cocks=0
当 cocks≤19 时
 {hens=0
当 hens≤33 时
 { 找满足题意的 chicks 数
 hens 加 1
 }
    cocks 加 1
 }
对于找满足题意的 chicks 数进一步细化如下：
cocks=0
当 cocks≤19 时
 {hens=0
当 hens≤33 时
    { chicks=100-cocks-hens
如果满足（5 * cocks +3*hens + chicks/3 =100）则输出
    hens 加 1
    }
    cocks 加 1
 }

2.5 结构化程序设计方法

目前，程序设计的方法有两大类，一类是面向过程的结构化程序设计方法，另一类是面向对象的程序设计方法。本书主要介绍结构化程序设计方法，它是进行各类程序设计的基础，有助于程序设计思想的形成和理解。

结构化程序设计是进行以模块功能和处理过程设计为主的详细设计的基本原则。结构化程序设计方法是基于模块化、自顶向下、逐步细化和结构化程序设计等程序设计技术而发展起来的。用这种方法设计的程序称为结构化程序，它强调程序设计风格和程序结构的规范化，提倡清晰的结构。

结构化程序设计的基本思路是：对实际问题进行分析，先从整体出发，把一个大问题或较复杂的问题分解为若干个相对独立的子问题，对每个子问题可以再细化为若干个低一层的子问题，直到子问题便于在计算机上实现，是自顶向下、逐步细化的解题方法，如图 2-11 所示。

在计算机上解决各个子问题，就是设计相应功能的子程序，即功能模块。这些模块功能相对独立且专一，便于用相关算法实现，这就大大降低了程序设计的复杂程度。开发员

将整个程序结构映射到单个小部分。已定义的函数或相似函数的集合在单个模块或子模块中编码，这意味着代码能够更有效地载入存储器，模块能在其他程序中再利用。模块单独测试之后，与其他模块整合起来形成整个程序组织。

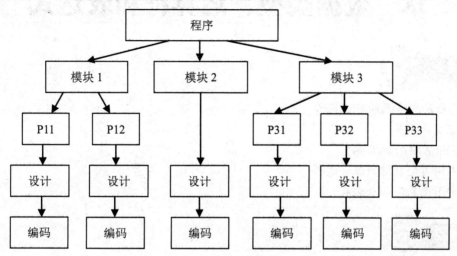

图 2-11 结构化程序设计方法

第3章 数据类型、运算符和表达式

本章知识点

➢ C 程序中常见的标识符号
➢ 常量和变量
➢ C 语言中的数据类型
➢ 不同类型数据的混合运算
➢ 常用运算符和表达式

重点与难点

➲ 变量的定义,使用变量的基本原则,变量占内存的字节数
➲ 增 1 和减 1 运算符、强制转换运算符
➲ 赋值与表达式中的类型转换
➲ 将数学表达式写成合法的 C 语言表达式

3.1 一个简单的 C 程序例子

在学习本章内容之前,先来看一个简单的 C 程序例子。

【例 3.1】编写一个能对从键盘任意输入的两个整型数进行求和运算的 C 程序。
参考程序如下:

```c
# include <stdio.h>
 int Add（int a，int b)
 {
     return   a+b;        /*从函数返回整型数 a 与 b 之和*/
 }
 int main  (void)         /*主函数*/
 {
     int x，y，sum=0;                    /*变量定义和初始化*/
     printf（"Input two integers:")；    /*在屏幕上显示一条提示信息*/
     scanf（" %d%d"，&x，&y)；           /*输入两个整型数 x 和 y*/
     sum=Add（x，y)；                    /*调用函数 Add（）计算 x 和 y 之和*/
     printf（" sum=%d\n"，sum)；         /*输出 x 和 y 之和*/
```

```
    return 0;
}
```

运行结果如图 3-1 所示。

```
Input two integers:4 5
sum=9
```

图 3-1　例 3.1 运行结果

如例 3.1 所示，一个 C 程序中有很多标识符号，这些标识符号分别代表不同的含义。C 程序中常见的标识符号主要有以下 6 类。

1．关键字（keyword）

关键字又称保留字，它们是 C 语言中预先规定的具有固定含义的一些单词，如例 3.1 中的 int 和 return 等，用户只能按预先规定的含义来使用它们，不能擅自改变其含义。

2．标识符（identifier）

在计算机高级语言中，用来对变量、符号常量名、函数、数组、类型等命名的有效字符序列统称为标识符（identifier）。简单地说，标识符就是一个对象的名字。如例 3.1 中用到的库函数名 scanf 和 printf，用户自定义函数名 Add，变量名 x、y、sum 等都是标识符。C 语言规定标识符只能由字母、数字和下划线 3 种字符组成，且第 1 个字符必须是字母或下划线。下面列出的是合法的标识符：Sum,average,_total,Class,day,month,Student_name,lotus_1_2_3,BASIC,li_ling。

下面列出的是不合法的标识符：M.D.John,￥123,#33,3D64,a>b。

3．运算符（operator）

C 语言提供了丰富的运算符，共有 34 种。按照不同的用途，这些运算符大致可分为以下 13 类。

（1）算术运算符：+　－　*　/　%

（2）关系运算符：>>= 　==　<<= 　! =

（3）逻辑运算符：!　& &　　‖

（4）赋值运算符：=
　　　复合的赋值运算符：+=　-=　*=　/=　%=　&=　|=　^=　<<=　>>=

（5）增 1 和减 1 运算符：++　－－

（6）条件运算符：?　:

（7）强制类型转换运算符：（类型名）

（8）指针和地址运算符：*　&

（9）计算字节数运算符：sizeof

（10）下标运算符：[ ]

（11）结构体成员运算符：—>.

（12）位运算符：<<>>　|　^　&~

（13）逗号运算符：,

4. 分隔符（separator）

就像写文章要有标点符号一样，写程序也要有一些分隔符。在 C 程序中，空格、回车/换行、逗号等，在各自不同的应用场合起着分隔符的作用。例如，程序中相邻的关键字、标识符之间应由空格或回车/换行作为分隔符，逗号则用于相邻同类项之间的分隔。再如，在定义类型相同的变量之间可用逗号分隔，在向屏幕输出的变量列表中，各变量或表达式之间也用逗号分隔。

```
int a,b,c;                    /*在这里，逗号起着分隔符的作用*/
printf（" %d%d%d \ n" ,a,b,c)；   /*在这里，逗号起着分隔符的作用*/
```

5. 其他符号

除上述符号外,C 语言中还有一些具有特定含义的符号。例如，花括号"{"和"}"通常用于标识函数体或一个语句块。再如，"/*"和"*/"是程序注释所需的定界符。

6. 数据（data）

程序处理的数据有变量和常量两种基本数据形式。如，例 3.1 中的"Input two integers:"和 0 都是常量，只是类型不同而已。其中，前者是字符串常量，后者是整型常量，而标识符 x、y、sum 等则是变量。常量与变量的区别在于：在程序运行过程中，常量的值保持不变，变量的值则是可以改变的。

3.2 常量与变量

3.2.1 常量

所谓常量，是指在程序运行过程中，其值保持不变的量。常量也是数据，所以常量也应该有数据类型。C 语言中常量的类型有以下 4 种。

（1）整型常量如 18、0、−9。
（2）实型常量如 3.6、−1.48。
（3）字符常量如'a'、'c'、'8'。
（4）字符串常量如"china"、"shaanxi"。

常量分为直接常量和符号常量。从其字面形式即可判断出的常量称为字面常量或直接常量。用一个标识符来代表一个常量，则称之为符号常量。

【例 3.2】符号常量的定义和使用。
参考程序如下：
```
#include <stdio.h>
#define PRICE 5
int main（）
{
```

```
    int num=20,total;
    total=num*PRICE;
    printf（"total= %d",total）;
    return 0;
}
```
运行结果如图 3-2 所示。

```
total= 100_
```

图 3-2 例 3.2 运行结果

在上面这个程序中，用 PRICE 这个标识符代表常量 5。用#define 命令使 PRICE 这个标识符在随后的程序中代表数字 5。定义后的 PRICE 则称为符号常量，即标识符形式的常量，它的值在程序运行期间不能改变。

习惯上，符号常量名用大写，变量用小写，以示区别。使用符号常量可以提高程序的可读性，便于修改，具有以下优点。

（1）含义清楚，便于理解。如上面的程序中，看程序时从 PRICE 就知道它代表价格。因此，定义符号常量名应考虑"见名知意"。

（2）修改方便，一改全改。在需要改变一个常量的值时，能做到"一改全改"。例如，对上面的程序作如下修改：

#define PRICE 10

则在程序中出现的所有 PRICE 都代表 10。

注意：符号常量是常量，不同于变量，它的值在其作用域内不能改变。如再用下面的赋值语句对 PRICE 赋值是不对的。

PRICE=30;

3.2.2 变量

在程序运行过程中，其值可以改变的量称为变量。一个变量应该有一个名字作为标识，变量名的命名必须遵循标识符规则。在命名时应考虑"见名知意"的原则。如用"sum"代表"总和"。

实际上，变量在它存在期间在内存中占据一定的存储单元，在该存储单元中存放变量的值。变量名实际上是一个符号地址，在对程序编译连接时由系统给每一个变量分配一个内存地址，而在程序运行过程中从变量中取值，则实际上是通过变量名找到相应的内存地址，从其存储单元中读取数据。

变量也分为不同的类型，如整型变量、实型变量、字符型变量等。在 C 语言中要求对所有用到的变量作强制定义，即应"先定义，后使用"。否则，在编译时会指出有关"出错信息"，这样做的目的有以下几个。

（1）保证程序中变量使用不会发生错误，例如，在定义部分有：

int student;

而在执行语句中错写成了：

statent＝30;

在编译时会检查出 statent 没有进行定义，可以避免变量名使用时出错。

（2）对变量指定类型后，在编译时就能为其分配相应的存储单元。

（3）一个变量类型确定后，也就确定了该变量所能进行的操作。例如，整型变量 a 和 b，可以进行求余运算 a%b，%是"求余"，得到 a/b 的余数；如果将 a、b 指定为实型变量，则不允许进行"求余"运算。在编译时，可以据其类型来检查该变量所进行的运算是否合法。

（4）变量定义的一般形式是：

类型符 变量名 表列；

这里的类型符必须是有效的 C 数据类型，变量名表列可以由一个或多个由逗号分隔的多个标识符构成。例如：

int a,b;

其表示定义了两个整型变量 a 和 b。

变量的值一般通过赋值运算符或通过调用标准输入函数获取。变量赋值的一般形式为：

变量名=表达式；

例如：

int a;

a=8;

其是将整型数据 8 赋给整型变量 a，从而使变量 a 对应的存储单元中存放的数据为 8。也可以在定义变量时给变量赋值，称之为变量的初始化。其一般形式为：

类型符 变量名=表达式；

例如：

int a=3;   /*指定 a 为整型变量，初值为 3*/

还可以给定义的部分变量赋初值。例如：

int a,b=6,c;

注意不能有如下的形式：

int a=b=c=6;

标准输入函数的使用在后面介绍。

3.3 C 语言的数据类型

3.3.1 C 语言数据类型概述

程序和算法处理的对象统称为数据。在高级语言中，数据之所以要区分类型，主要是为了能更有效地组织数据，规范数据的使用，提高程序的可读性。不同类型的数据在数据存储形式、取值范围、占用内存大小及可进行的运算种类等方面都有所不同。C 语言的数据类型如图 3-3 所示。

（1）基本类型：基本类型最主要的特点是，其值不可以再分解为其他类型。也就是说，基本类型是自我说明的。

（2）构造类型：构造类型是根据已定义的一个或多个数据类型用构造的方法来定义的。也就是说，一个构造类型的值可以分解成若干个"成员"或"元素"。每个"成员"都是一个基本类型或又是一个构造类型。在 C 语言中，构造类型有数组类型、结构体类型和共用体（联合）类型等几种。

（3）指针类型：指针是类型一种特殊的，同时又具有重要作用的数据类型。其值用来表示某个变量在内存储器中的地址。虽然指针变量的取值类似于整型量，但这是两个类型是完全不同，因此不能混为一谈。

（4）空类型：在调用函数值时，通常应向调用者返回一个函数值。这个返回的函数值是具有一定的数据类型的，应在函数定义及函数说明中给以说明。

在 C 程序中所用到的数据都必须指定其数据类型。指定了数据类型，也就定义了数据在计算机内存中所占的字节数。

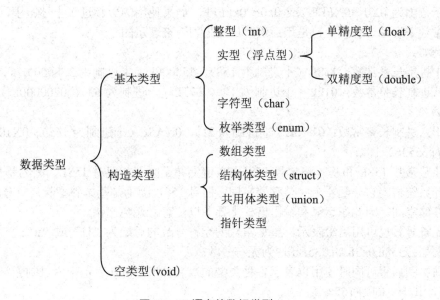

图 3-3　C 语言的数据类型

3.3.2　整型数据

1. 整型常量

整型常量就是整常数。在 C 语言中，使用的整常数有十进制、八进制和十六进制 3 种。

（1）十进制整常数：十进制整常数没有前缀，其数码取值为 0～9。

以下各数是合法的十进制整常数：237、-568、65535、1627。

以下各数不是合法的十进制整常数：023（不能有前导 0）、23D（含有非十进制数码）。

在程序中是根据前缀来区分各种进制数的。因此，在书写常数时不要把前缀弄错造成结果不正确。

（2）八进制整常数：八进制整常数必须以 0 开头，即以 0 作为八进制数的前缀，其数码取值为 0～7。八进制数通常是无符号数。

以下各数是合法的八进制数：015（十进制为 13）、0101（十进制为 65）、0177777（十进制为 65535）。

以下各数不是合法的八进制数：256（无前缀 0）、03A2（包含了非八进制数码）、-0127（出现了负号）。

（3）十六进制整常数：十六进制整常数的前缀为 0X 或 0x，其数码取值为 0~9，以及

A~F 或 a~f。

以下各数是合法的十六进制整常数：0X2A（十进制为 42）、0XA0 （十进制为 160）、0XFFFF （十进制为 65535）。

以下各数不是合法的十六进制整常数：5A（无前缀 0X）、0X3H （含有非十六进制数码）。

整型常数的后缀：在 16 位字长的机器上，基本整型的长度也为 16 位，因此其表示的数的范围也是有限定的。十进制无符号整常数的表示范围为 0～65535，有符号整常数为 -32768～+32767。八进制无符号整常数的表示范围为 0～0177777。十六进制无符号整常数的表示范围为 0X0～0XFFFF 或 0x0～0xFFFF。如果使用的数超过了上述范围，就必须用长整常数来表示。长整常数是用后缀"L"或"l"来表示的。

例如：

十进制长整常数：158L（十进制为 158）、358000L（十进制为 358000）。

八进制长整常数：012L（十进制为 10）、077L（十进制为 63）、0200000L（十进制为 65536）。

十六进制长整常数：0X15L（十进制为 21）、0XA5L（十进制为 165）、0X10000L（十进制为 65536）。

长整常数 158L 和基本整常数 158 在数值上并无区别。但对 158L，因为是长整型量，C 编译系统将为它分配 4 个字节存储空间。而对 158，因为是基本整型量，只分配 2 个字节的存储空间。因此在运算和输出格式上要予以注意，避免出错。

无符号数也可用后缀表示，整型常数的无符号数的后缀为"U"或"u"。

例如：358u,0x38Au,235Lu 均为无符号数。

前缀和后缀可同时使用以表示各种类型的数。如 0XA5Lu 表示十六进制无符号长整常数 A5，其十进制为 165。

2．整型变量

整型数据在内存中的存放形式如下。

如果定义了一个整型变量 i:

int i;

i=10;

| 0 | 0 | 0 | 0 | 0 | 0 | 0 | 0 | 0 | 0 | 0 | 0 | 1 | 0 | 1 | 0 |

数值是以补码表示的，正数的补码和原码相同，负数的补码是将该数的绝对值的二进制形式按位取反再加 1。

例如：求-10 的补码。

10 的原码：

| 0 | 0 | 0 | 0 | 0 | 0 | 0 | 0 | 0 | 0 | 0 | 0 | 1 | 0 | 1 | 0 |

取反：

| 1 | 1 | 1 | 1 | 1 | 1 | 1 | 1 | 1 | 1 | 1 | 1 | 0 | 1 | 0 | 1 |

再加 1，得-10 的补码：

| 1 | 1 | 1 | 1 | 1 | 1 | 1 | 1 | 1 | 1 | 1 | 1 | 0 | 1 | 1 | 0 |

由此可知，左面的第一位是表示符号的。

整型变量的分类如下。

（1）基本型：类型说明符为 int，在内存中占 2 个字节。

（2）短整量：类型说明符为 short int 或 short，所占字节和取值范围与基本型相同。

（3）长整型：类型说明符为 long int 或 long，在内存中占 4 个字节。

（4）无符号型：类型说明符为 unsigned。

无符号型又可与其他 3 种类型匹配。

①无符号基本型：类型说明符为 unsigned int 或 unsigned。

②无符号短整型：类型说明符为 unsigned short。

③无符号长整型：类型说明符为 unsigned long。

各种无符号类型量所占的内存空间字节数与相应的有符号类型量相同。但由于省去了符号位，故不能表示负数。

有符号整型变量：最大表示 32767。

0	1	1	1	1	1	1	1	1	1	1	1	1	1	1	1

无符号整型变量：最大表示 65535。

1	1	1	1	1	1	1	1	1	1	1	1	1	1	1	1

表 3-1 列出了各类整型量所分配的内存字节数及数的表示范围。

表 3-1　各类整型量所分配的内存字节数及数的表示范围

类型说明符	数的范围	字节数
int	$-32768 \sim 32767$，即$-2^{15} \sim (2^{15}-1)$	2
unsigned int	$0 \sim 65535$，即 $0 \sim (2^{16}-1)$	2
short int	$-32768 \sim 32767$，即$-2^{15} \sim (2^{15}-1)$	2
unsigned short int	$0 \sim 65535$，即 $0 \sim (2^{16}-1)$	2
long int	$-2147483648 \sim 2147483647$，即$-2^{31} \sim (2^{31}-1)$	4
unsigned long	$0 \sim 4294967295$，即 $0 \sim (2^{32}-1)$	4

以 13 为例：

int：

00	00	00	00	00	00	11	01

short int：

00	00	00	00	00	00	11	01

long int：

00	00	00	00	00	00	00	00	00	00	00	00	00	00	11	01

unsigned int：

00	00	00	00	00	00	11	01

unsigned short:

00	00	00	00	00	00	11	01

unsigned long:

00	00	00	00	00	00	00	00	00	00	00	00	00	00	11	01

3. 整型变量的定义

变量定义的一般形式为：

类型说明符　变量名标识符，变量名标识符，……；

例如：

int a,b,c; （a,b,c 为整型变量）

long x,y; （x,y 为长整型变量）

unsigned p,q; （p,q 为无符号整型变量）

在书写变量定义时，应注意以下几点。

（1）允许在一个类型说明符后定义多个相同类型的变量。各变量名之间用逗号间隔。类型说明符与变量名之间至少用一个空格间隔。

（2）最后一个变量名之后必须以"；"号结尾。

（3）变量定义必须放在变量使用之前。一般放在函数体的开头部分。

【例 3.3】整型变量的定义与使用。

参考程序如下：

```
main （）
{
    int a,b,c,d;
    unsigned u;
    a=12;b=-24;u=10;
    c=a+u;d=b+u;
    printf （"a+u=%d,b+u=%d\n",c,d）;
}
```

4. 整型数据的溢出

【例 3.4】整型数据的溢出。

参考程序如下：

```
main （）
{
int a,b;
    a=32767;
```

```
    b=a+1;
    printf（"%d,%d\n",a,b）;
}
```

32767

0	1	1	1	1	1	1	1	1	1	1	1	1	1	1	1

-32768

1	0	0	0	0	0	0	0	0	0	0	0	0	0	0	0

3.3.3　实型数据

1．实型常量

实型也称为浮点型。实型常量也称为实数或者浮点数，有十进制小数形式和指数形式两种形式。在 C 语言中，实数只采用十进制。

（1）十进制小数形式：由数码 0~9 和小数点组成。

例如：0.0、25.0、5.789、0.13、5.0、300.、-267.823 等均为合法的实数。

注意：必须有小数点。

（2）指数形式：由十进制数加阶码标志"e"或"E"以及阶码（只能为整数，可以带符号）组成。

其一般形式为：

aEn（a 为十进制数，n 为十进制整数）

其值为 $a*10^n$。

如：

2.1E5　（等于 $2.1*10^5$）

3.7E-2　（等于 $3.7*10^{-2}$）

0.5E7　（等于 $0.5*10^7$）

－2.8E－2　（等于－$2.8*10^{-2}$）

以下不是合法的实数：

345　（无小数点）

E7　（阶码标志 E 之前无数字）

-5　（无阶码标志）

53.-E3　（负号位置不对）

2.7E　（无阶码）

标准 C 允许浮点数使用后缀。后缀为"f"或"F"即表示该数为浮点数。如 356f 和 356.是等价的。

2．实型变量

（1）实型数据在内存中的存放形式：实型数据一般占 4 个字节（32 位）内存空间，按指数形式存储。实数 3.14159 在内存中的存放形式如下：

+	.314159	1

数符小数部分指数

①小数部分占的位（bit）数愈多，数的有效数字愈多，精度愈高。

②指数部分占的位数愈多，则能表示的数值范围愈大。

（2）实型变量的分类：实型变量分为单精度型（float）、双精度型（double）和长双精度型（long double）三类。

在 Turbo C 中单精度型占 4 个字节（32 位）内存空间，其数值范围为 3.4E-38～3.4E+38，只能提供 7 位有效数字；双精度型占 8 个字节（64 位）内存空间，其数值范围为 1.7E-308～1.7E+308，可提供 16 位有效数字。表 3-2 为各类实型变量所分配的内存字节数及数的表示范围。

表 3-2　各类实型变量所分配的内存字节数及数的表示范围

类型说明符	比特数（字节数）	有效数字	数的范围
float	32（4）	6~7	10^{-37}~10^{38}
double	64（8）	15~16	10^{-307}~10^{308}
long double	128（16）	18~19	10^{-4931}~10^{4932}

实型变量定义的格式和书写规则与整型相同。

例如：

float x,y;　（x,y 为单精度实型量）

double a,b,c;　（a,b,c 为双精度实型量）

（3）实型数据的舍入误差：由于实型变量是由有限的存储单元组成的，因此能提供的有效数字总是有限的。

【例 3.5】实型数据的舍入误差。

参考程序如下：

```
main（）
{
float a,b;
a=123456.789e5;
b=a+20;
printf（"%f\n",a）;
printf（"%f\n",b）;
}
```

注意：1.0/3*3 的结果并不等于 1。

从例 3.5 可以看出 a 是单精度型，有效位数只有 7 位，而整数已占,5 位，故小数二位之后均为无效数字；b 是双精度型，有效位为 16 位。但 Turbo C 规定小数后最多保留六位，其余部分四舍五入。

3.3.4　字符型数据

1. 字符常量

字符常量是用单引号括起来的一个字符。

例如：'a'、'b'、'='、'+'、'?'。

它们都是合法字符常量。

在 C 语言中，字符常量有以下特点。

（1）字符常量只能用单引号括起来，不能用双引号或其他括号。

（2）字符常量只能是单个字符，不能是字符串。

（3）字符常量可以是字符集中任意字符。但数字被定义为字符型之后就不能参与数值运算'5'和 5 是不同的。'5'是字符常量，不能参与运算。

2. 转义字符

转义字符是一种特殊的字符常量。转义字符以反斜线"\"开头，后跟一个或几个字符。转义字符具有特定的含义，不同于字符原有的意义，故称"转义"字符。例如，在前面各例题 printf 函数的格式串中用到的"\n"就是一个转义字符，其意义是"回车换行"。转义字符主要用来表示那些用一般字符不便于表示的控制代码。

常用的转义字符及其含义如表 3-3 所示。

表 3-3　常用的转义字符及其含义

转义字符	含义	ASCⅡ代码
\n	回车换行	10
\t	横向跳到下一制表位置	9
\b	退格	8
\r	回车	13
\f	走纸换页	12
\\	反斜线符 "\"	92
\'	单引号符	39
\"	双引号符	34
\a	鸣铃	7
\ddd	1～3 位八进制数所代表的字符	
\xhh	1～2 位十六进制数所代表的字符	

广义地讲，C 语言字符集中的任何一个字符均可用转义字符来表示。表 3-3 中的\ddd 和\xhh 正是为此而提出的。ddd 和 hh 分别为八进制和十六进制的 ASCⅡ代码。如\101 表示字母"A"，\102 表示字母"B"，\134 表示反斜线，\XOA 表示换行等。

3．字符串常量

字符串常量是由一对双引号括起的字符序列。例如："CHINA"，"C program"， "$12.5" 等都是合法的字符串常量。

字符串常量和字符常量是不同的量。它们之间主要有以下区别。

（1）字符常量由单引号括起来，字符串常量由双引号括起来。

（2）字符常量只能是单个字符，字符串常量则可以含一个或多个字符。

可以把一个字符常量赋予一个字符变量，但不能把一个字符串常量赋予一个字符变量。字符常量占一个字节的内存空间。字符串常量占的内存字节数等于字符串中字节数加 1。增加的一个字节中存放字符"\0"（ASCⅡ码为 0），这是字符串结束的标志。例如：

字符串 "C program" 在内存中所占的字节为：

C		p	r	o	g	r	a	m	\0

字符常量'a'和字符串常量"a"虽然都只有一个字符，但在内存中的情况是不同的。

'a'在内存中占一个字节，可表示为：

a

"a"在内存中占二个字节，可表示为：

a	\0

4．字符变量

字符变量用来存放字符常量，在内存中占一个字节的存储空间，只能存放一个字符。在一个字符变量中无法存放字符串。字符变量（字符型）的类型符为 char。字符变量的定义形式如下：

char c1，c2;

它表示 c1 和 c2 为字符变量，各放一个字符。因此可以用下面语句对 c1、c2 赋值：

c1 ='a'; c2 ='b';

也可以在定义时赋值，即字符变量的初始化。例如：

char c1='a', c2='b';

需要注意的是：C 语言中没有字符串变量，所以不能将一个字符串常量赋给一个字符型变量。例如：

char ch="china";

此语句是错误的。

5．字符型数据在内存中的存储形式及其使用方法

每个字符变量被分配一个字节的内存空间，因此只能存放一个字符。字符值是以 ASCⅡ码的形式存放在变量的内存单元之中的。

如 x 的十进制 ASCⅡ码是 120，y 的十进制 ASCⅡ码是 121。

对字符变量 a,b 赋予'x'和'y'值:

a='x';

b='y';

实际上是在 a,b 两个单元内存放 120 和 121 的二进制代码。

a:

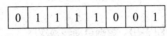

| 0 | 1 | 1 | 1 | 1 | 0 | 0 | 0 |

b:

| 0 | 1 | 1 | 1 | 1 | 0 | 0 | 1 |

所以也可以把它们看成是整型量。C 语言允许对整型变量赋以字符值,也允许对字符变量赋以整型值。在输出时,允许把字符变量按整型量输出,也允许把整型量按字符量输出。

整型量为二字节量,字符量为单字节量,当整型量按字符型量处理时,只有低八位字节参与处理。

注意:字符数据只占一个字节,它只能存放 0~255 范围内的整数。

3.4　不同类型数据的混合运算

3.4.1　不同类型数据间的类型转换

在 C 语言中,整型、单精度型、双精度型数据可以混合运算。前面我们已经知道,字符型数据可以与整型数据通用,因此,整型、实型(包括单、双精度)、字符型数据间可以混合运算。

不同类型数据进行混合运算时,首先要把不同类型的数据转换成同一类型,然后进行运算。这种转换由编译系统自动完成。其转换遵循以下规则。

(1)在运算中,先进行水平方向上的转换。即使是两个 char 类型的数据进行运算,也要先转换成整型数据再运算。同样的,所有的浮点运算都是以双精度进行的。

(2)如果在进行了水平方向上的转换后,仍存在不同类型的数据,则要按纵向方向进行转换。图 3-10 中纵向的箭头表示当运算对象为不同类型时转换的方向,即由下向上,数据类型逐步升高。

例如 int 型与 double 型数据进行运算,先将 int 型的数据转换成 double 型,然后对两个同类型(double 型)数据进行运算,结果为 double 型。

这种纵向方向上的转换要将运算式中低级别的类型向本式中最高级别的类型转换,运算结果的类型与该子中最高级别的类型相同。

```
double    ←    float
  ↑
long
  ↑
unsigned
  ↑
int     ←    char,   short
```

图 3-10　数据自动转换次序

例如：式子 10+'a'+0.3/3−2.1*3L

计算机执行时从左至右扫描，运算过程如下。

①先将字母'a'转换为整型数 97，0.3 转换为 double 型，2.1 转换成 double 型。

②进行 10+'a'的运算，经过上一步的转换，本式中两个数据的类型都是整型，所以不再转换类型，运算结果为 107。

③进行 0.3/3 的运算，经过步骤①的转换，0.3 转换为 double 型，所以整数 3 也必须转换为 double 型。

④进行 2.1*3L 的运算，经过步骤①的转换，2.1 转换为 double 型，长整型数 3L 也必须转换为 double 型。

⑤在步骤①、步骤②、步骤③和步骤④得到 3 个量，类别分别是整型、实型、实型，在进行最后运算前，先要将步骤②的结果转换为 double 型。

⑥这个式子最后结果为 double 型。

上述的类型转换是由系统自动进行的。

3.4.2　赋值运算中的数据类型转换

C 语言规定：在赋值运算中，如果赋值运算符两边的类型不一致，但都是数值型或字符型时，在赋值时将进行类型转换。转换时将赋值号右边表达式的类型转换为左边变量的类型。

（1）将实型数据（包括单、双精度）赋给整型变量时，实数的小数部分将被舍弃。如 i 为整型变量，执行 i=3.68 的结果是使 i 的值为 3。

（2）将整型数据赋给单、双精度变量时，数值不变，但补足有效位数，以浮点数形式存储到变量中。如将 32 赋给 float 型变量 f，即 f=32，先将 32 转换成 32.00000，再存储到 f 中。如将 32 赋给 double 型变量 d，即 d＝32，则将 32 补足有效位数为 32.00000000000000，然后以双精度浮点数形式存储到 d 中。

（3）将一个 float 型数据赋给 double 型变量时，数值不变，有效位数扩展到 16 位，在内存中以 64 位（bit）存储。

（4）将一个 double 型数据赋给 float 型变量时，截取其前面 7 位有效数字，存放到 float 型变量的存储单元位中。但应注意数值范围不能溢出。如果有以下语句：

```
float   f;
double   d=123.456789e100;
```

f=d;

则会出现溢出错误。

（5）字符型数据赋给整型变量时，由于字符只占一个字节，而整型变量为 2 个字节，因此将字符数据（8 位）放到整型变量低 8 位中。若字符最高位为 0，则整型变量高 8 位补 0；若字符最高位为 1，则高 8 位全补 1。这称为"符号扩展"。这样做的目的是使数值保持不变，如变量 c（字符'\376'）以整数形式输出为－2，i 的值也是－2。

（6）将一个 int、short、long 型数据赋给一个 char 型变量时，只将其低 8 位原封不动地送到 char 型变量（即截断）。例如：

int i=289;

char　c='a';

c=I;

赋值情况如图 3-11 所示，c 的值为 33，如果用"%c"输出 c，将得到字符"！"（其 ASCⅡ码为 33）。

i=289	00000001	00100001

c=33		00100001

图 3-11　整型数据赋给字符变量示意图

（7）将带符号的整型数据（int 型）赋给 long int 型变量时，要进行符号扩展。将整型数的 16 位送到 long 型低 16 位中，如果 int 型数据为正值（符号位为 0），则 long int 型变量的高 16 位补 0；如 int 型数据为负值（符号位为 1），则 long int 型变量的高 16 位补 1，以保持数值不改变。

反之，若将一个 long int 型数据赋给一个 int 型变量，只将 long int 型数据中低 16 位原封不动送到整型变量（即截断）。

（8）将 unsigned int 型数据赋给 long int，不存在符号扩展问题，只需将高位补 0 即可。将一个 unsigned int 型数据赋给一个占字节数相同的整型变量（例如 unsigned int→int，unsigned long→long，unsigned short→short），将 unsigned 型变量的内容原样送到非 unsigned 型变量中，但如果数据范围超过相应整型的范围，则会出现数据错误。例如：

unsigned int a=65535;

int b;

b=a;

将 a 整个送到 b 中，由于 b 是 int 型，最高位是符号位，所以 b 成了负数（－1 的补码）。

unsigned a 对应 1111111111111111，int b 对应 1111111111111111。

可以用以下语句来验证一下。

printf（"%d"，b）;

（9）将非 unsigned 型数据赋给长度相同的 unsigned 型变量，也是原样照赋（连原有的符号位也作为数值一起传送）。

【例 3.6】不同类型整型数间的赋值。

参考程序如下：

#include <stdio.h>

```
int main（）
{
    unsigned   a;
    int b= - 1;
    a=b;
    printf（"%u",a）;
    return 0;
}
```

"%u"是输出无符号数时所用的格式符。运行结果如图 3-12 所示。

65535

图 3-12   例 3.6 运行结果

3.4.3   强制类型转换

强制类型转换是利用强制类型转换运算符将一个表达式转换成所需类型。其常被称为显示类型转换，而自动类型转换则被称为隐式类型转换。其一般形式为：

（类型符）（表达式）

其功能就是把表达式结果的类型转换为圆括号中的数据类型。例如：

（double） a　　　　/*将 a 转换成 double 型*/

（int）（x+y）　　　/*将 x+y 的值转换成 int 型*/

（float）（5%3）　　/*将 5%3 的值转换成 float 型*/

注意：表达式一般应该用括号括起来（单个变量可以不加括号）。如果写成：

（int） x+y

则只将 x 转换成整型，然后与 y 相加。

需要说明的是，在强制类型转换时，得到一个所需类型的中间变量，而不改变数据说明时对该变量定义的类型，即原来变量的类型未发生变化。例如：

（int） x　　　　/*不要写成 int （x）*/

如果 x 原指定为 float 型，进行强制类型运算后得到一个 int 型的中间变量，它的值等于 x 的整数部分，而 x 的类型不变（仍为 float 型）。

【例 3.7】强制类型转换示例

参考程序如下：

```
#include <stdio.h>
 int main（）
 {
    float f=5.75;
    printf（"（int） f=%d, f=%f\n",（int） f, f）;
    return 0;
 }
```

运行结果如图 3-13 所示。

```
<int>f=5,f=5.750000
```

图 3-13 例 3.7 运行结果

f 虽强制转为 int 型，但在运算中起的作用是临时的，而 f 本身的类型并不改变。因此，（int）f 的值为 5（删去了小数）而 f 的值仍为 5.75。

从上可知，有两种类型转换：一种是在运算时不必用户指定，系统自动进行的类型转换；另一种是强制类型转换。当自动类型转换不能实现目的时，可以用强制类型转换。如 % 运算符要求其两侧均为整型量，若 x 为 float 型，则"x%3"不合法，必须用（int）x%3。

3.5 算术运算符和算术表达式

C 语言中运算符和表达式数量之多，在高级语言中是少见的。正是丰富的运算符和表达式使 C 语言功能十分完善。这也是 C 语言的主要特点之一。

3.5.1 运算符简介

运算符是告诉编译程序执行特定算术或逻辑操作的符号，C 语言提供了多种运算符，具有很强的运算能力。C 语言的运算符可分为以下几类。

（1）算术运算符：用于各类数值运算。包括加（＋）、减（－）、乘（*）、除（/）、求余（或称模运算，%）、自增（＋＋）和自减（－－），共 7 种。

（2）关系运算符：用于比较运算。包括大于（>）、小于（<）、等于（＝＝）、大于等于（>＝）、小于等于（<＝）和不等于（!＝），共 6 种。

（3）逻辑运算符：用于逻辑运算。包括与（&&）、或（||）和非（!），共 3 种。

（4）位操作运算符：参与运算的量，按二进制位进行运算。包括位与（&）、位或（|）、位非（~）、位异或（^）、左移（<<）和右移（>>），共 6 种。

（5）赋值运算符：用于赋值运算，分为简单赋值（＝）、复合算术赋值（＋＝，－＝，*＝，/＝，%＝）和复合位运算赋值（&＝，|＝，^＝，>>＝，<<＝）三类，共 11 种。

（6）条件运算符（?:）：这是一个三目运算符，用于条件求值。

（7）逗号运算符（,）：用于把若干表达式组合成一个表达式。

（8）指针运算符：用于取内容（*）和取地址（&）二种运算。

（9）求字节数运算符（sizeof）：用于计算数据类型所占的字节数。

（10）特殊运算符：有括号、下标、成员（（），[ ]，（→，.））等几种。

3.5.2 算术运算符和算术表达式

1. 基本的算术运算符

C 语言中算术运算符如表 3-4 所示。

表 3-4　算术运算符

运算符	作用
−	减法（或取负）
＋	加法（或取正）
*	乘法
/	除法
%	求余运算

　　加法运算符"＋"：应有两个量参与运算，为双目运算符。如 5+6、b+c 等。

　　减法运算符"−"：双目运算符。如 6−4、y−1 等。但"−"也可做负值运算符，如 −x，−5 等，此时为单目运算符，具有右结合性。

　　乘法运算符"*"：双目运算符。如 6*8。

　　除法运算符"/"：双目运算符。进行除法运算的量均为整型时，结果也为整型，舍去小数。如果运算量中有一个是实型，则结果为双精度实型。如：4 / 3 结果为 1，8/3 结果为 2，6.0/4 结果为 1.5。

　　求余运算符"%"：也称模运算符，双目运算符。求余运算要求参与运算的量均为整型，运算的结果等于两数相除后的余数。如：6%4 的值为 2。求余运算符"%"不能用于 float 和 double 类型。

　　【例 3.8】求余运算符用法实例。

　　参考程序如下：

```
main（）
{
  printf（"\n\n%d,%d\n",20/7,-20/7）;
  printf（"%f,%f\n",20.0/7,-20.0/7）;
}
```

　　本例中，20/7 和-20/7 的结果均为整型，小数全部舍去。而 20.0/7 和-20.0/7 由于有实数参与运算，因此结果也为实型。

2. 算术表达式和运算符的优先级与结合性

　　C 算术表达式是指用算术运算符和括号将运算对象（也称操作数）连接起来的符合 C 语法规则的式子。这里所说的运算对象包括常量、变量、函数等。a*b / c−1.5＋'a'就是一个合法的 C 算术表达式。

　　对运算符的优先级和结合性，C 语言有专门的规定。

　　（1）在表达式求值时，先按运算符的优先级别高低次序执行。例如先乘除后加减。如 a−b*c,b 的左侧为减号,右侧为乘号,而乘号优先于减号,因此,此式相当于:a−(b*c)。

　　（2）如果在一个运算对象两侧的运算符的优先级别相同，则按规定的"结合方向"处理。

　　C 语言规定了各种运算符的结合方向（结合性），算术运算符的结合方向为"自左至

右"，即先左后右，如 a－b＋c，运算时 b 先与减号结合，执行 a－b 的运算，再执行加 c
的运算。"自左至右的结合方向"又称"左结合性"，即运算对象先与左面的运算符结合。
如果一个运算符的两侧的数据类型不同，则会先自动进行类型转换，使二者为同一种类型，
然后进行运算。

3．自增、自减运算符

自增运算符（＋＋）和自减运算符（－－）是 C 语言中两个很常用的运算符。"＋＋"
是操作数加 1，而"－－"是操作数减 1，即：

＋＋x；　　　　/*等同于 x＝x＋1*/
－－x；　　　　/*等同于 x＝x－1*/

自增和自减运算符可放在操作数之前，也可放在其后，但在表达式中这两种用法是有
区别的。例如："＝x＋1;"可写成"＋＋x;"或"x＋＋;"。

（1）自增或自减运算符在操作数之前，称为前置，此时 C 语言在引用操作数之前就
先执行加 1 或减 1 操作。

（2）自增或自减运算符运算符在操作数之后，称为后置，此时 C 语言就先引用操作
数的值，而后再进行加 1 或减 1 操作。例如：

①＋＋i（－－i）表示在使用 i 之前，先使 i 的值加（减）1。
②i＋＋（i－－）表示在使用 i 之后，使 i 的值加（减）1。

总的来看，＋＋i 和 i＋＋的作用相当于 i＝i＋1。但＋＋i 和 i＋＋不同之处在于＋＋i
是先执行 i＝i＋1 后再使用 i 的值，而 i＋＋是先使用 i 的值后再执行 i＝i＋1。如果 i 的原
值等于 5，则：

j＝＋＋i；　　/*j 的值为 6*/
j＝i＋＋；　　/*j 的值为 5，然后 i 变为 6*/

又如：

i＝5；
printf　（"%d"，＋＋i）；
输出 6。

若改为：

printf（"%d"，i＋＋）；
则输出 5。

关于自增和自减运算符需要注意以下两点。

（1）＋＋和－－只能用于变量，不能用于常量或表达式。如 5＋＋或（a＋b）＋＋都
是不合法的。因为 5 是常量，常量的值不能改变。（a＋b）＋＋也不可能实现，假如 a＋b
的值为 6，那么自增后得到的 7 放在什么地方呢？无变量可供存放。

（2）＋＋和－－和负号运算符（－）的优先级别是一样的，但比正号运算符的优先
级别高。如对"＋i＋＋;"先算优先级别高的＋＋，再进行正号运算符的运算。则此语句
相当于"＋（i＋＋）;"。如果 i 的初值为 5，那么整个表达式的值为 5，在得出表达式的值
后，i 再增加 1，变成 6。

＋＋和－－的结合方向是"自右至左"。如对"－i＋＋;"来说，因负号运算符和＋＋
同优先级，所以表达式的计算就要按结合方向。负号运算符和自增运算符的结合方向都是
"自右至左"（右结合性），所以此语句相当于"－（i＋＋）;"，先算右边的 i＋＋，再与负

号运算符结合。如果 i 的初值为 5，那么整个表达式的值为−5，在得出表达式的值后，i 再增加 1，变成 6。

同样地，对于"−（++i）;"来说，如果 i 的初值为 5，那么整个表达式的值为−6，i 的值为 6。

3.5.3　赋值运算符

1．赋值运算符

赋值符号"="就是赋值运算符，它的作用是将一个数据赋给一个变量。例如：

A=3;

其作用是执行一次赋值操作（或称赋值运算），把常量 3 赋给变量 a。

r=x/y;

其作用是将表达式 x/y 的值赋给变量 r。

C 语言中赋值运算符"＝"和数学中的等号"＝"是有区别的，它不是表示"等同"的关系，而是进行"赋值"的操作。

（1）赋值表达式 x＝y 的作用是将变量 y 所代表的存储单元中的内容赋给变量 x 所代表的存储单元，x 中原有的数据将被取代；赋值后，y 变量中的内容保持不变。此表达式应理解为"把右边变量中的值赋给左边变量"，而不应理解为"x 等于 y"。

（2）赋值表达式 m=m＋1，表示取变量 m 中的值加 1 后再放入到变量 m 中，使变量 m 的值增 1。而在数学中，m=m＋1 则是完全不能成立的等式。

（3）赋值运算符的左边只能是变量而不能是常量或表达式。如 a＋b=c 这个式子就不是合法的赋值表达式。因为系统已为 a，b，c 分别分配一一对应的存储单元，内存中并无 a＋b 这样的存储单元。

2．复合赋值运算符

在赋值运算符"="之前加上其他双目运算符可构成复合赋值运算符。如+=，−=，*=，／=，%=，<<=，>>=，&=，^=，|=。

复合赋值表达式的一般形式为：

变量 双目运算符=表达式

它等效于：

变量=变量双目运算符表达式

例如：a+=5 等价于 a=a+5，x*=y+7 等价于 x=x*（y+7），r%=p 等价于 r=r%p。

复合赋值运算符这种写法，初学者可能不习惯，但十分有利于编译处理，能提高编译效率并产生质量较高的目标代码。

3．赋值表达式

由赋值运算符将一个变量和一个表达式连接起来的式子称为"赋值表达式"。

例如，a＝5 是一个赋值表达式。对赋值表达式求解的过程是：将赋值运算符右侧的"表达式"的值赋给左侧的变量。赋值表达式的值就是被赋值的变量的值。a＝5 这个赋值表达式的值为 5（变量 a 的值也是 5）。

上述一般形式的赋值表达式中的"表达式"，又可以是一个赋值表达式。例如 a=(b=6)，括弧内的 b=6 是一个赋值表达式，它的值等于 6，因此 a=（b=6）相当于 "a=6"，a 的值等于 6，整个赋值表达式的值也等于 6。

C 语言中，赋值运算符的结合方向是 "自右而左"，因此，b=6 外面的括弧可以不要，即 a=（b=6）和 a=b=6 等价，都是先求 b=6 的值（得 6），然后再赋给 a，下面是赋值表达式的例子：

a=b=c=6   /* 赋值表达式值为 6，a，b，c 值均为 6*/
a=5＋（c=6）   /*赋值表达式值为 11，a 值为 11，c 值为 6*/
a=（b=4）＋（c=6）   /*赋值表达式值为 10， a 值为 10，b 值为 4，c 值为 6*/
a=（b=10）/（c=2）   /*赋值表达式值为 5，a 值为 5，b 值为 10，c 值为 2*/

赋值表达式也可以包含复合的赋值运算符。例如：

a＋=a－=a*a

这也是一个赋值表达式。如果 a 的初值为 12，此赋值表达式的求解步骤如下：

①先进行 a－=a*a 的运算，它相当于 a=a－a*a=12－144＝－132。

②再进行 a＋=－132 的运算，相当于 a=a＋（－132）＝－132－132＝－264。

3.5.4 关系运算符和关系表达式

1. 关系运算符

关系运算实际上是比较运算，表示两个运算分量之间的大小关系，如大于、小于等。关系运算是对两个运算量的数值进行比较的过程。关系运算符是双目运算符，C 语言提供了六种关系运算符，它们是：

> 　　大于
>= 　　大于等于
< 　　小于
<= 　　小于等于
== 　　等于
!= 　　不等于

说明如下。

（1）前 4 种关系运算符（>，>=，<，<=）的优先级别相同，后两种运算符的优先级也相同，但前 4 种的优先级高于后两种。例如：">"优先于"=="而">"与"<"优先级相同。

（2）关系运算符的优先级低于算术运算符而高于赋值运算符，如图 3-14 所示。

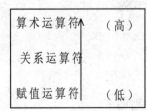

图 3-14　关系运算符优先级

（3）关系运算符都是左结合性，即从结合方向左至右。

2. 关系表达式

用关系运算符将两个表达式（可以是算术表达式或关系表达式、逻辑表达式、赋值表达式、字符表达式）连接起来的有意义的式子称为关系表达式。以下都是合法的关系表达式：a>b， a+b>b+c，（a=3）>（b=5>，'a'<'b'，（a>b）>（b<c）。

关系表达式的值是一个逻辑值，即"真"或"假"。以"1"代表"真"，以"0"代表"假"。

若关系表达式表达的关系成立，则它的结果值为"1"；否则为"0"。例如：

x==y

x 等于 y 时，关系表达式成立，其值为"1"；x 不等于 y 时，关系表达式不成立，其值为"0"。

x! =y

x 不等于 y 时，关系表达式成立，其值为"1"；否则，关系表达式不成立，其值为"0"。

a=x>y

其等价于 a=（x>y）。若 x>y，则 a=1；否则，a=0。

关系表达式常用于流程控制中分支或者循环的条件。

3.5.5 逻辑运算符和逻辑表达式

1. 逻辑运算符

C 语言中提供了 3 种逻辑运算符，分别是：

&&　　　逻辑与　　（相当于其他语言中的 AND）

||　　　逻辑或　　（相当于其他语言中的 OR）

!　　　逻辑非　　（相当于其他语言中的 NOT）

运算符&&和||是双目运算符，要求有两个运算分量，用于连接多个条件，构成更复杂的条件。运算符!是单目运算符，用于对给定条件取"反"。逻辑运算产生的结果也是一个逻辑量：真或假，分别用 1 和 0 表示。

逻辑运算符中，!的优先级最高，其次是&&，||的优先级最低。&&和||的优先级低于关系运算符，但高于算术运算符；而!的优先级高于算术运算符。

2. 逻辑表达式

逻辑表达式是用逻辑运算符将算术表达式、关系表达式或逻辑量连接起来的式子。

&&和||构成的逻辑表达式一般形式为：

a 逻辑运算符 b

!构成的逻辑表达式一般形为：

! a

其中的 a、b 为表达式或逻辑量。

逻辑运算符进行运算时的运算规则如下。

a&&b：若 a，b 同时为真，则 a&&b 为真；若 a，b 中有一项为假，则 a&&b 为假。

a||b：若 a，b 同时为假，则 a||b 为假；若 a，b 中有一项为真，则 a||b 为真。

! a：若 a 为真，则!a 为假；若 a 为假，则! a 为真。

注意：C 语言编译系统在给出逻辑运算结果时，以 1 代表"真"，以 0 代表"假"，但在判断一个量是否为"真"时，以 0 代表"假"，以非 0 代表"真"。即将一个非零的数值认作"真"。例如：

（1）若 a=4，则!a 的值为 0。因为 a 的值为非 0，被认作"真"，对它进行"非"运算，得"假"，"假"以 0 代表。

（2）若 a=4，b=5，则 a&&b 的值为 1。因为 a 和 b 均为非 0，被认为是"真"，所以a&&b 的值也为"真"，值为 1。

如果在一个表达式中不同位置上出现数值，应区分哪些是作为数值运算或关系运算，哪些作为逻辑运算对象。实际上，逻辑运算符两侧的运算对象不但可以是 0 和 1，或者是0 和非 0 的整数，也可以是任何类型的数据。可以是字符型、实型或指针型等。系统最终以 0 和非 0 来判断它们属于"真"或"假"。例如：

'c'&&'d'的值为 1（因为'c'和'd'的 ASCII 码值都不为 0，按"真"处理）。

我们注意到，"逻辑与"和"逻辑或"运算分别有如下性质：

a&&b：当 a 为 0 时，不管 b 为何值，结果为 0。

a‖b：当 a 为 1 时，不管 b 为何值，结果为 1。

利用上述性质，在计算连续的逻辑与运算时，若有运算分量的值为 0，则不再计算后继的逻辑与运算分量，并以 0 作为逻辑与算式的结果；在计算连续的逻辑或运算时，若有运算分量的值为 1，则不再计算后继的逻辑或运算分量，并以 1 作为逻辑或算式的结果。也就是说，对于 a&&b，仅当 a 为非零时，才计算 b；对于 a‖b，仅当 a 为 0 时，才计算 b。

例如，设 x=1，y=1，z=0，则表达式（y&&x）‖（z++）执行后，z 的值为 0。计算过程是：先求 y&&x 的值为 1，由于接下来是逻辑或运算，不管第二个分量值如何，整个表达式值为 1，从而不再计算第二个分量 z++，故 z 的值仍为 0。

同算术表达式一样，在关系或逻辑表达式中也使用括号来修改原计算顺序。

例如，判断某一年 year 是否是闰年的条件是满足下列两个条件之一：

①能被 4 整除，但不能被 100 整除。

②能被 400 整除。

描述这一条件用下面的表达式即可：

（（year%4==0）&&（year%100! =0））　　‖（year % 400==0）

3.5.6　逗号运算符和逗号表达式

在 C 语言中逗号","也是一种运算符，称为逗号运算符。其功能是把两个表达式连接起来组成一个表达式，称为逗号表达式。其一般形式为：

表达式 1，表达式 2

其求值过程是分别求两个表达式的值，并以表达式 2 的值作为整个逗号表达式的值。

【例 3.9】逗号表达式实例。

参考程序如下：

main（）

{

```
        int a=2,b=4,c=6,x,y;
        y=（x=a+b），（b+c）;
         printf（"y=%d,x=%d",y,x）;
    }
```

本例中，y 等于整个逗号表达式的值，也就是表达式 2 的值，x 是第一个表达式的值。对于逗号表达式还要说明以下两点。

（1）逗号表达式一般形式中的表达式 1 和表达式 2 也可以是逗号表达式。

例如：

表达式 1，（表达式 2，表达式 3）

如此形成了嵌套情形。因此可以把逗号表达式扩展为以下形式：

表达式 1，表达式 2，…，表达式 n

整个逗号表达式的值等于表达式 n 的值。

（2）程序中使用逗号表达式，通常是要分别求逗号表达式内各表达式的值，并不一定要求整个逗号表达式的值。

并不是在所有出现逗号的地方都组成逗号表达式，如在变量说明中，函数参数表中逗号只是用作各变量之间的间隔符。

3.5.7 条件运算符和条件表达式

条件运算符由两个运算符组成，它们是？和：条件运算符是 C 语言提供的唯一的三目运算符，即要求有三个运算对象。条件运算符优先于赋值运算符，但低于逻辑运算符、关系运算符和算术运算符。

由条件运算符构成的表达式称为条件表达式，其形式如下：

表达式 1？表达式 2 ：表达式 3

条件表达式的求解过程是：当表达式 1 的值为非零时，求出表达式 2 的值，此时表达式 2 的值就是整个条件表达式的值；当表达式 1 的值为零时，去求表达式 3 的值，这时便把表达式 3 的值作为整个条件表达式的值。

例如：设 a=1，b=2，c=3，d=4，求表达式 "a<b？a：c<d？a：d" 的值。

分析：条件表达式嵌套使用时，根据条件运算符从右到左的结合性，应先将最后一个 "？" 与其最近的 "：" 配对，即该表达式等价于 "a<b？a：（c<d？a：d）"。当 a<b 成立时，取 a 的值作为该条件表达式的值。

故该表达式的值为 1。

3.5.8 位运算

前文介绍的各种运算都是以字节作为最基本单位进行的。但是，在很多系统程序中常要求在位（bit）一级进行运算或处理。C 语言提供了位运算的功能，这使得 C 语言也能像汇编语言一样用来编写系统程序。

位运算是 C 语言的一种特殊运算功能，它是以二进制位为单位进行运算的。位运算符只有逻辑运算和移位运算两类。C 语言提供了 6 种位运算符：

    &   按位与

    | 按位或

    ^   按位异或

    ~   求反

    <<   左移

    >>   右移

1. 按位与运算

按位与运算符"&"是双目运算符。其功能是参与运算的两数各对应的二进位相与。只有对应的两个二进位数均为 1 时，结果位才为 1，否则为 0。参与运算的数以补码方式出现。按位与运算通常用来对某些位清 0 或保留某些位。

例如，3&5 可写算式如下：

    00000011   （3 的二进制补码）

&   00000101   （5 的二进制补码）

    00000001   （1 的二进制补码）

故可得：3&5 的值为 1。

2. 按位或运算

按位或运算符"|"是双目运算符。其功能是参与运算的两数各对应的二进位相或。只要对应的两个二进位数有一个为 1 时，结果位就为 1。参与运算的数均以补码方式出现。

例如，3|5 可写算式如下：

    00000011   （3 的二进制补码）

| 00000101   （5 的二进制补码）

    00000111   （7 的二进制补码）

故可得：3|5 的值为 7。

3. 按位异或运算

按位异或运算符"^"是双目运算符。其功能是参与运算的两数各对应的二进位相异或，当两个对应的二进位数相异时结果为 1，否则为 0。参与运算的数均以补码方式出现。

例如，3^5 可写算式如下：

    00000011   （3 的二进制补码）

^   00000101   （5 的二进制补码）

    00000110   （6 的二进制补码）

故可得：3^5 的值为 6。

4. 求反运算

求反运算符"～"为单目运算符，具有右结合性。其功能是对参与运算的数的各二进位按位求反。

例如，～3 的运算为：

～（0000000000000011）

结果为：1111111111111100。

5. 左移运算

左移运算符"<<"是双目运算符。其功能是把"<<"左边的运算数的各二进位全部左移若干位，由"<<"右边的数指定移动的位数，高位丢弃，低位补 0。

例如：设 a 的值为 3，a<<2 指把 a 的各二进位向左移动 2 位，即 a=00000011（十进制数 3），左移 2 位后为 00001100（十进制数 12）。

6. 右移运算

右移运算符">>"是双目运算符。其功能是把">>"左边的运算数的各二进位全部右移若干位，">>"右边的数指定移动的位数。

例如：设 a 的值为 15，a>>2 表示把 000001111（十进制数 15）右移为 00000011（十进制 3）。

注意：对于有符号数，在右移时，符号位将随同移动。对于正数时，最高位补 0；对于负数，符号位为 1，最高位是补 0 或是补 1 取决于编译系统的规定。Turbo C 和很多系统规定为补 1。

此外，位运算符还可与赋值运算符一起组成复合赋值运算符，如&=，|=，^=，>>=，<<=等。

第 4 章 程 序 结 构

4.1 顺序结构程序设计

所谓顺序结构，就是指按照语句在程序中的先后次序一条一条地顺次执行。在顺序结构的程序中，所有语句都严格按照它们在程序中书写的先后顺序，由上到下、从左至右依次、逐条执行，只有在上一条语句执行完以后，才能执行下一条语句。这种程序结构是三种基本结构中最简单的一种。

4.1.1 C 语言语句

C 语言程序的执行部分是由语句组成的。C 语言最重要的一个特点就是分号作为每条语句的结束符，不可缺少或省略。编写程序时，可以在一行上写多条语句，也可以将一条语句写在多行上。C 语言程序是区分大小写的，要特别注意，C 语言的关键字和基本语句都是用小写字符表示的。C 语言语句可分为表达式语句、函数调用语句、控制语句、复合语句、空语句等 5 类。

1．表达式语句

表达式语句由表达式加上分号"；"组成。其一般形式为：

表达式;

执行表达式语句就是计算表达式的值，其作用一般是改变变量的值。

例如：

a=10;　　/* 赋值语句，将 10 赋给变量 a，执行后变量 a 的值变为 10 */

d+e;　　　/* 加法运算语句，但计算结果不能保留，无实际意义 */

i++;　　　/* 自增 1 语句，i 值增 1 */

还应该注意的是，有一些求值表达式并没有改变变量的值，由它们组成的语句虽然可以求出表达式的值，但在程序中是没有实际意义的。例如：

x+y;

是一条合法的语句，但执行后，其对程序的运行结果不产生任何影响。

2．函数调用语句

函数调用语句由函数名、实际参数加上分号"；"组成。其一般形式为：

函数名（实际参数表）;

执行函数调用语句就是调用函数体并把实际参数赋予函数定义中的形式参数，然后执行被调函数体中的语句，求取函数值，或完成函数的功能。在这里函数调用以语句的形式出现，它与前后语句之间的关系是顺序执行的。

例如：

scanf（"% f",&x）; /*输入函数调用语句，输入变量 x 的值*/

printf（"% f",x）; /*输出函数调用语句，输出变量 x 的值*/

说明：函数调用语句由函数调用表达式后跟一个分号组成，其作用主要是完成特定的任务。还要注意以下几点。

（1）要在程序中包含相应的头文件。

例如：

#include <stdio.h>

#include <math.h>

（2）库函数调用规则。

库函数调用的一般形式为：

函数名（参数表）;

调用函数有的是为了得到函数的返回值，如数学函数等。这类函数的调用出现在表达式中，不作为函数调用语句，而是作为表达式语句的一部分。例如，求 sin（x）的函数的语句：

y1＝sin（1.7）;

y2＝3*sin（3.14159* x / 180）;

y3＝2*sin（++x *3.14159／180）+10；

在表达式中调用函数，实际上是转去执行一段预先设计好的程序，求出结果后返回调用点，所以函数的值又称为函数的返回值。

调用函数时，要特别注意函数的返回值、参数个数和类型以及参数的顺序。

3．控制语句

控制语句由特定的语句定义符组成，用于控制程序的流程，以实现程序的各种结构方式。它们由特定的语句定义符组成。C 语言有 9 种控制语句，可分成以下 3 类。

（1）条件判断语句：if 语句、switch 语句。

（2）循环执行语句：do while 语句、while 语句、for 语句。

（3）转向语句：break 语句、goto 语句、continue 语句、return 语句。

4．复合语句

把多个语句用花括号"{}"括起来组成的一个语句称复合语句。在程序中应把复合语句看成单条语句，而不是多条语句。

例如：

```
{
    temp=a;
    a=b;
    b=temp;
}
```

这是一条复合语句。

复合语句内的各条语句都必须以分号";"结尾，在"}"外不加分号。

一般情况下，凡是允许出现语句的地方都允许使用复合语句。在程序结构上，复合语句被看作一个整体，因此在程序中应把它看成单条语句，只是内部可能完成了一系列工作。

5．空语句

只由分号";"组成的语句称为空语句。空语句什么也不做。它不产生任何动作，表示这里可以有一个语句，但目前不需要做任何工作。

在程序中空语句可用来做空循环体（循环体是空语句，表示循环体什么也不做）。

（1）用空语句做空循环体。

while（getchar（）!='\n'）

;

整个语句的功能是从键盘输入字符，如果输入的不是换行字符"\n"就循环执行空语句，直到输入的字符是"\n"字符才结束循环。

这里的循环体为空语句。

```
for（i=0;i<100;i++）
;
```

其中 ";" 为循环体部分，可能表示一个延时，也可能表示目前什么工作都不要做。

（2）空语句也可用在条件语句中。例如：

```
if（…）
    ;             /* ";"表示如果 if 条件成立，则什么都不做  */
        …
else           /* 如果 if 条件不成立，则执行以下操作  */
{…}
```

4.1.2 赋值语句

赋值语句是表达式语句中最常见的一种语句，它是程序中使用最多的语句之一。它由赋值表达式加分号构成。其一般形式为：

变量=表达式;

C 语言的赋值语句在执行时，先计算赋值运算符右边的表达式的值，然后将此值赋给赋值运算符左边的变量。

在赋值语句的使用中，需要注意以下几点。

（1）由于在赋值运算符 "=" 右边的表达式也可以又是一个赋值表达式，因此，下述形式是成立的，从而形成嵌套的情形。

变量=（变量=表达式）;

其展开之后的一般形式为：

变量=变量=…=表达式;

例如：

a=b=c=d=e=100;

按照赋值运算符的右结合性，其实际上等效于：

e=100;

d=e;

c=d;

b=c;

a=b;

（2）注意在变量说明中给变量赋初值和赋值语句的区别。

给变量赋初值是变量说明的一部分，赋初值后的变量与其后的其他同类变量之间仍必须用逗号间隔，而赋值语句则必须用分号结尾。

例如：

int m=15,n,t;

（3）在变量说明中，不允许连续给多个变量赋初值。

例如，下述说明是错误的：

float x=y=z=10.2;

必须写为

float x=10.2, y=10.2, z=10.2;

而赋值语句允许连续赋值。

（4）注意赋值表达式和赋值语句的区别。

赋值表达式是一种表达式，它可以出现在任何允许表达式出现的地方，而赋值语句则不能。赋值表达式是可以被包括在其他语句之中的；反之，赋值语句却不能出现在表达式中。

下述语句是合法的：

if（（a=b+28）>0）　c=a;

语句的功能是：若表达式 a=b+28 大于 0 则 c=a。

下述语句是非法的：

if（（a=b+28;）>0）　c=a;

因为 "a=b+28;" 是语句，不能出现在表达式中。

在程序设计时，一定要学会灵活使用赋值语句。例如，要实现将两个变量 a 和 b 的值进行互换，初学者常犯如下的错误：

a=b; b=a;

或

b=a; a=b;

显然，对于这两种写法，在执行前一条赋值语句时，将赋值运算符 "=" 右边变量的值赋给了赋值运算符 "=" 左边的变量，已经改变了被赋值变量原来的值，再执行后一条语句，使得两个变量的值都变成了原来 a 或 b 的值，并没有完成两个变量值的互换。因此，为了避免丢失其中一个变量的值，往往先将其值保存到另外的一个临时变量中去，然后再进行赋值，即：

w=a; a=b; b=w;

或

w=b; b=a; a=w;

当然，也可以不用临时变量，而采用简单的加、减运算来实现，例如：

a=a+b; b=a-b; a=a-b;

也可以写为：

a+=b; b=a-b; a-=b;

4.1.3 数据格式化输入与输出

为了让计算机处理各种数据，首先就应该把源数据输入到计算机中；计算机处理结束后，再将目标数据信息以人能够识别的方式输出。C 语言中的输入输出操作，是由 C 语言编译系统提供的库函数来实现的。

在 C 语言中，所有的数据输入 / 输出都是由库函数完成的。在使用 C 语言库函数时，要用预编译命令#include 将有关的"头文件"包括到源文件中。

使用标准输入输出库函数时要用到"stdio.h"文件，因为它们的函数原型在头文件"stdio.h"中。因此源文件开头应有以下预编译命令：

#include< stdio.h >

或

#include "stdio.h"

stdio 是 standard input &outupt 的意思。考虑到 printf 和 scanf 函数使用频繁，系统允许在使用这两个函数时可不加预编译命令。

1．printf 函数（格式化输出函数）

printf 函数称为格式化输出函数，在 C 语言程序中，用于输出数据的主要函数就是 printf 函数。printf 函数不仅可以输出变量的值，还可以输出表达式的值，并且可以同时按格式输出多个不同类型的数据。

其关键字最末一个字母 f 即为"格式"（format）之意。其功能是按用户指定的格式，把指定的数据显示到显示器屏幕上。

（1）调用形式

printf 函数调用的一般形式为：

printf（"格式控制字符串"，输出表列）；

其功能就是按照格式控制字符串的要求，将输出表列的值显示在计算机屏幕上。

其中，格式控制字符串用于指定输出格式。格式控制字符串可由格式字符串和非格式字符串两种组成。格式字符串是以%开头的一个或多个字符，在%后面跟有各种格式字符，以说明输出数据的类型、形式、长度、小数位数等。

非格式字符串在输出时原样照印，在显示中起提示作用。输出表列中给出了各个输出项，要求格式字符串和各输出项在数量和类型上应该一一对应。printf 函数将输出表列中的数据转换为格式控制字符串中对应的指定格式进行输出。

【例 4.1】printf 函数使用示例。

参考程序如下：

```c
#include <stdio.h>
int main（）
{
```

```
    int a=2,b=8;                /*定义两个整型变量 a,b*/
    printf（"a=%d, b=%d\n a+b=%d\n",a,b,a+b）;
    return 0;
}
```

程序运行结果如下：

a=2，b=8

a+b=10

本例中双引号中的三个"%d"为格式字符串，"\n"为换行符，其余的"a="、"b="、"a+b="为按原样输出的字符串，双引号后面的三个数据"a,b,a+b"为需要输出的数据。

（2）格式控制

格式控制由格式控制字符串实现，由普通字符、转义字符和格式说明部分三部分组成。

①普通字符：普通字符在输出时，按原样输出，主要用于输出提示字符信息。例如：

printf（"Hello！"）;

执行后屏幕上显示：

Hello！

②转义字符：转义字符指明特定的操作，对输出形式进行控制，如"\n"表示换行，"\t"表示水平制表等。

③格式说明部分：由%和格式字符串组成。它表示按规定的格式输出数据。

格式说明的形式为：

%[flags][width][.prec][F|N|h|L] type

或者翻译成中文：

%[标志][输出最小宽度][精度][长度]类型

其中，方括号中的项为可选项，这些可选项为附加格式说明字符，用于对格式字符所指定的格式进行修饰。各项的意义介绍如下。

标志：标志字符为"-""+""#"空格四种，其含义说明如表 4-1 所示。

表 4-1　标志字符含义说明

标志	含义说明
-	结果左对齐，右边填空格
+	输出符号（正号或负号）
#	对 c,s,d,u 类无影响；对 o 类,在输出时加前缀 o；对 x 类,在输出时加前缀 0x；对 e,g,f 类当结果有小数时才给出小数点
空格	输出值为正时冠以空格，为负时冠以负号

输出最小宽度：用十进制整数来表示输出的最少位数。若实际位数多于定义的宽度，则按实际位数输出；若实际位数少于定义的宽度，则补以空格或 0。

精度：精度格式符以"."开头，后跟十进制整数。本项的意义是：如果输出的是数字，则表示小数的位数；如果输出的是字符，则表示输出字符的个数；若实际位数大于所定义的精度数，则截去超过的部分。

长度：长度格式符为 h 和 l 两种，h 表示按短整型量输出，l 表示按长整型量输出。

类型：类型字符用以指示输出的数据的类型，不同类型的数据应该使用相对应类型的格式字符说明其输出形式，常用的格式字符及其含义说明如表 4-2 所示。

表 4-2 常用的及其格式字符含义说明

格式字符	含义说明
d	以十进制形式输出带符号整数（正数不输出符号）
o	以八进制形式输出无符号整数（不输出前缀 0）
x,X	以十六进制形式输出无符号整数（不输出前缀 Ox）
u	以十进制形式输出无符号整数
f	以小数形式输出单、双精度实数
e,E	以指数形式输出单、双精度实数
g,G	以%f 或%e 中较短的输出宽度输出单、双精度实数
c	输出单个字符
s	输出字符串

（3）常用输出项表格式

①%d：按带符号的十进制形式输出整型数据，数据长度为实际长度。

其常用形式如下：

%[-][0][m][l]d

%[0]md 格式中，m 表示输出字段宽度，以 m 指定的字段宽度输出。若实际位数小于 m，则左端补空格。若 m 前面有 0，则左端补 0。

%-[0]md 格式中，以 m 指定的字段宽度输出。若数据实际位数小于 m，则右端补空格。若 m 前面有 0，则右端补 0。例如：

a=10;

printf（"%d, %3d, %-3d, %03d", a, a, a, a）;

输出结果是：

10,_10,10_,010   （"_"表示一个空格）

②%ld：输出长整数。

例如：

long a=1234567;

printf（" %ld", a）;   /*如直接用%d，则将发生错误。*/

其输出结果是：

1234567

长整型数据同样可以使用其他附加格式说明字符，例如，如要指定宽度，则用%mld 即可。将上面 printf 函数中的"%ld"改为"%8ld"，则输出的结果是：

_1234567   （"_"表示一个空格）

③%o：按整型数据的实际长度，以无符号的八进制数形式输出整数。输出时，将内存单元中的二进制数（包括符号位）直接转换成八进制数输出，因此，输出的数值不带符号。

注：连符号位一起组成八进制数输出。

如以长整型输出，在%后加 l，也可指定宽度 m、%mo。

④%x：按整型数据的实际长度，以无符号的十六进制数形式输出整数。输出时，将内存单元中的二进制数（包括符号位）直接转换成十六进制数输出，因此，输出的数值不带符号。

⑤%c：输出一个字符。c 格式可用于输出一个数值在 0～255 范围内的整数，输出结果为这个数对应的 ASCⅡ字符。同样，一个字符数据也可以按整型数形式输出。

【例 4.2】字符数据的输出。

参考程序如下：

```
#include <stdio.h>
int main（）
{
    char x='a';
    int i = 97;
    printf（"%c, %d\n",x,x）;
printf（"%c, %d\n",i,i）;
    return 0;
}
```

程序的运行结果是：

a,97

a,97

⑥%mc：以字符形式输出一个字符，m 指定输出的宽度，左端补空格。

例如：

char   c='a';

printf（"%c", c）;

注：若有一整型变量，其值在 0～255 之间,则可以字符形式输出。

也可以指定输出字符宽度，如果有：

print （"%3c", c）

则输出：

" a"即 c 变量输出占 3 列,前 2 列补空格。

⑦%f：按小数形式输出单、双精度十进制实数，有以下几种形式：

%f

%m.nf

%–m.nf

%f 不指定字段宽度，由系统自动指定，使整数部分全部如数输出，并输出 6 位小数（用四舍五入或右边补 0 满足小数位数）。应当注意，并非输出数据的所有位数都是有效位数，一般单精度实数的有效位数为 7 位，双精度实数的有效位数为 16 位，超出的位数是无意义的。因此，输出的数据不一定都是准确的。

%m.nf 指定输出的数据共占 m 列，其中有 n 位小数。如果值长度小于 m，则左端补空格。%–mn.f 与%m.nf 基本相同，只是使输出的数值向左端靠，右端补空格。

【例 4.3】单精度实数的输出。

参考程序如下：

```
#include <stdio.h>
int main（）
{
    float x,y;
x=111111.111;
y=222222.222;
    printf（"%f\n",x+y）;
    return 0;
}
```

程序运行的结果是：

333333.328125

可以看出只有前 7 位数字是有效数字，小数点后的 5 位数字是无意义的。

【例 4.4】单、双精度实数的输出。

参考程序如下：

```
#include <stdio.h>
int main（）
{
    int a=15;
    float b=123.1234567;
    double c=12345678.1234567;
    char d='p';
    printf（"a=%d,%5d,%o,%x\n",a,a,a,a）;
```

```
printf（"b=%f,%lf,%5.4lf,%e\n",b,b,b,b）;
printf（"c=%lf,%f,%8.4lf\n",c,c,c）;
printf（"d=%c,%8c\n",d,d）;
return 0;
}
```

运行结果如图 4-1 所示。

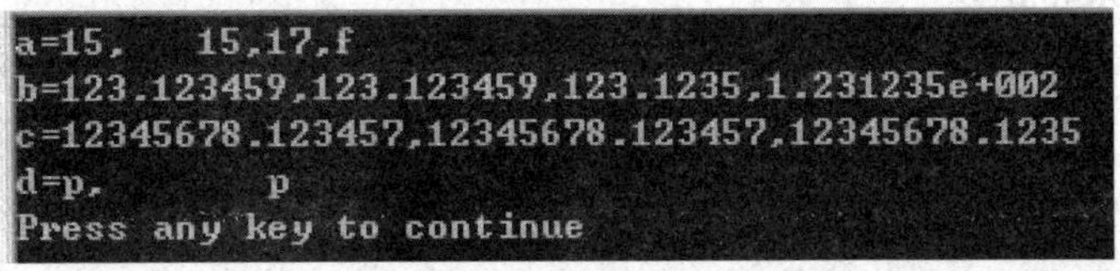

图 4-1　例 4.4 运行结果

本例第一个 printf 函数中以以种格式输出整型变量 a 的值，其中"%5d"要求输出宽度为 5，而 a 值为 15 只有两位故补三个空格。第八行中以四种格式输出实型量 b 的值。其中"%f"和"%lf "格式的输出相同，说明 l 符对 f 类型无影响。"%5.4lf"指定输出宽度为 5，精度为 4，由于实际长度超过 5 故应该按实际位数输出，小数位数超过 4 位部分被截去。第九行输出双精度实数，"%8.4lf"由于指定精度为 4 位故截去了超过 4 位的部分。第十行输出字符量 d，其中"%8c "指定输出宽度为 8 故在输出字符 p 之前补加 7 个空格。

2．scanf 函数（格式化输入函数）

C 语言中具有基本数据输入功能的库函数是 scanf 函数。scanf 函数称为格式化输入函数，即按用户指定的格式从键盘上把数据输入到指定的变量之中。其函数名最后一个字母 f 即为"格式"（format）之意。

（1）scanf 函数的一般形式

scanf 函数是一个标准库函数，它的函数原型在头文件"stdio.h"中，与 printf 函数相同，C 语言也允许在使用 scanf 函数之前不必包含"stdio.h"文件。

scanf 函数的一般形式为：

scanf（"格式控制字符串"，地址表列）;

其中，格式控制字符串的作用与其在 printf 函数中的作用相同，但不能显示非格式字符串，也就是不能显示提示字符串。地址表列中给出各变量的地址。地址是由地址运算符"&"后跟变量名组成的，表明每个输入项应存储的位置。这个地址可以是变量的地址或字符串的首地址，书写时各地址间用逗号分隔。

例如：

&a, &b

分别表示变量 a 和变量 b 的地址。

这个地址就是编译系统在内存中给 a,b 变量分配的地址。变量的地址是 C 编译系统分配的，用户不必关心具体的地址。

执行 scanf 函数时，要求用户从键盘输入数据，如果数据不止一个，应在数据之间用一个或多个空格间隔，也可以用回车键或跳格键（Tab 键）间隔。

【例 4.5】scanf 函数的使用。

参考程序如下：

```
#include <stdio.h>
int main（）
{
    int a,b;
    scanf（"%d%d ",&a,&b）;
    printf（"%d, %d\n",a,b）;
return 0;
}
```

运行时，如果输入 a，b 的值为 10 和 12，则运行结果是：

10,12

程序中 scanf 函数的作用是：按照 a，b 在内存中的地址将用户输入的数据依次存进去，即 10 存入 a，12 存入 b。

格式输入函数执行结果是将键盘输入的数据流按格式转换成数据，存入与格式相对应的地址指向的存储单元中。scanf 函数的格式控制字符串后的地址表列中只能是地址，否则将产生错误。下列 scanf 函数的调用是错误的：

scanf（"%d%d",a,b）;   /*常见错误表示 01*/

scanf（"%d%d",a+b）;   /*常见错误表示 02*/

a,b 表示的是变量 a 和 b 的值，不是地址。这种错误是初学者最容易犯的，这也是 scanf 函数和 printf 函数不同之处。

printf（"%d",i）;   /*将变量 i 的值输出*/

scanf（"%d",&i）;   /*从键盘输入数据，存放变量 i 代表的内存空间*/

下面说一下变量的地址和变量值的关系，在赋值表达式中给变量赋值，如：

a=268

则，a 为变量名，268 是变量的值，&a 是变量 a 的地址。

赋值号左边是变量名，不能写地址，而 scanf 函数在本质上也是给变量赋值，但要求写变量的地址，如&a。这两者在形式上是不同的。&是一个取地址运算符，&a 是一个表达式，其功能是求变量的地址。

【例 4.6】scanf 函数举例。

```
#include <stdio.h>
int main（）
```

```
{
    int x,y,z;                              /*声明三个变量*/
    printf（"input x,y,z=\n"）;              /*输入提示*/
    scanf（"%d%d%d",&x,&y,&z）;             /*调用输入函数*/
    printf（"x=%d,y=%d,z=%d\n",x,y,z）;     /*输出变量数据*/
    return 0;
}
```

运行结果如图 4-2 所示。

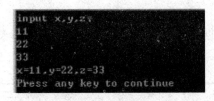

图 4-2　例 4.6 运行结果

在本例中，由于 scanf 函数本身不能显示提示字符串，故先用 printf 语句在屏幕上输出提示，请用户输入 x，y、z 的值。执行 scanf 语句，则等待用户输入。用户输入"11 22 33"后按下回车键，此时，系统将这三个数的数据送入到这三个变量对应的存储单元中。

在 scanf 语句的格式串中由于没有非格式字符在"%d%d%d"之间做输入时的间隔，因此在输入时要用一个以上的空格或回车键作为每两个输入数之间的间隔。如：

11 22 33<回车>

或

11<回车>

　22<回车>

33<回车>

（2）格式字符串。格式字符串的一般形式为：

%[*][输入数据宽度][长度]类型

其中，有方括号的项为任选项。各项的意义如下：

①"*"符：用以表示该输入项输入后不赋给相应的变量，即跳过该输入值。如：

scanf（"%d %*d %d",&a,&b）;

当输入为：

1　2　　3<回车>

此时，把 1 赋予 a，2 被跳过，3 赋予 b。

②输入数据宽度：用十进制正整数指定输入的宽度（即字符数，列数）。

例如：

scanf（"%5d",&a）;

输入：

12345678<回车>

只把 12345 赋予变量 a，其余部分被截去。

又如：

scanf（"%4d%4d",&a,&b）；

输入：

12345678<回车>

将把 1234 赋予 a，而把 5678 赋予 b。

③长度：长度格式符为 l 和 h，l 表示输入长整型数据（如%ld）和双精度浮点数（如%lf）。h 表示输入短整型数据。

④类型：表示输入数据的类型，其格式字符含义说明如表 4-3 所示。

表 4-3　类型格式字符含义说明

格式字符	含义说明
d	输入十进制整数
o	输入八进制整数
x	输入十六进制整数
u	输入无符号十进制整数
f 或 e	输入实型数（用小数形式或指数形式）
c	输入单个字符
s	输入字符串

（3）scanf 函数运行时注意事项

①标准 C 语言在 scanf 函数中不使用 u 说明符。对 unsigned 型数据，以"%d""%o"或"%x"格式输入。

②输入数据分隔处理。输入时，数据之间需要用分隔符，例如：

scanf（"%d%d",&a,&b）；

此语句可以用一个或多个空格分隔，也可以用回车键分隔：

100 10<回车>

或

100<回车>

10<回车>

以上两种输入数据的方式都是正确的。

scanf 函数指定输入数据所占的宽度时，将自动按指定宽度来截取数据。

例如：

scanf（"%2d%3d",&a,&b）；

若输入为：

1223100<回车>

函数截取二位数的整数 12 存入地址&a，截取 231 存入地址&b 中。

又如：

```
int main（）{
    char a,b;
    printf（"input character a,b\n"）;
    scanf（"%c%c",&a,&b）;
    printf（"%c%c\n",a,b）;
    return 0;
}
```

由于 scanf 函数"%c%c"中没有空格，如果输入：

M　N<回车>

结果输出只有 M。而输入改为

MN<回车>

此时则可输出 MN 两字符。

如果在格式控制字符串中除了格式说明外还有其他字符，则在输入时，应在相应位置输入与这些字符相同的字符。例如：

scanf（"%d,%d",&a,&b）;

由于格式控制字符串中两个格式说明之间有一个逗号，因此输入的两个数据之间也应该有一个逗号，如果 a，b 输入的值分别为 1 和 2，则应按如下形式输入：

1,2<回车>

若输入时使用了其他字符，将会出错，例如：

1 2<回车>

1;2<回车>

③用 scanf 函数输入实数，格式说明符为%f，但不允许规定精度。例如：

%10.4f<回车>

scanf（"%6.2d",&a）;

这种格式是错误的。

④如果输入时类型不匹配，scanf 函数将停止处理，其返回值为零。例如：

int a,b;

char ch;

scanf（"%d%c%3d",&a,&ch,&b）;

若输入为：12 a 23<回车>

则函数将 12 存入地址&a，空格作为字符存入地址&ch，字符'a'作为整型数读入。因此，以上数据为非法输入数据，程序将被终止。

⑤输入字符时不加单引号，输入字符串时不加双引号。

⑥在使用%c 格式字符时，输入数据之间不需要分隔标志，空格字符和其他转义字

符都作为有效字符输入。例如：

scanf（"%c%c%c",&a,&b,&c）；

若输入：

A B C<回车>

则字符 A 将赋给变量 a，字符 A 和字符 B 之间的空格赋给变量 b，字符 B 赋给变量 c。这是因为%c 只要求输入一个字符，所以，空格字符也作为变量的有效输入字符。

⑦普通字符。与 printf 函数的普通字符不同，scanf 函数的格式控制字符串中普通字符是不显示的，而是规定了输入时必须输入的与格式串相同的普通字符。例如：

scanf（"i=%d",&i）；　　/*格式字符串中"i="为普通字符*/

执行该语句时，输入应按下列格式：

i=30<回车>

4.1.4　字符数据输入与输出

字符数据在内存中存储的是字符的 ASCII 码——一个无符号整数，其形式与整数的存储形式一样，所以 C 语言允许字符型数据与整型数据之间通用。字符数据可以通过标准库函数进行输入输出。一个字符型数据，既可以字符形式输出，也可以整数形式输出。

1. putchar 函数（字符输出函数）

putchar 函数是 C 程序中常用的单个字符输出函数。其一般形式为：

putchar （c）；

其功能是向终端（一般为显示器）输出一个字符，其中 c 为字符型或整型的常量或变量。具体是将 c 所代表的一个字符显示到屏幕上光标当前的位置。即当 c 为字符型时，输出相应字符；当 c 为整型时，输出这个整数在 ASCII 码表中所对应的字符。

例如：

putchar （'A'）；　　　/*输出大写字母 A*/

putchar （x）；　　　　/*输出字符变量 x 的值*/

putchar （'\101'）；　/*也是输出字符 A*/

putchar （'\n'）；　　　/*换行*/

对控制字符则执行控制功能,不在屏幕上显示。使用本函数前须要用文件包含命令：

#include <stdio.h>

或

#include "stdio.h"

【例 4.7】putchar 函数举例。

参考程序如下：

#include <stdio.h>

```
int main（）
{
 int i=97;
 char ch='a';
 putchar（i）;              /*输出字符′a′ */
 putchar（'\n'）;           /*换行，可以输出控制字符，起控制作用*/
 putchar（ch）;             /*输出字符变量 ch 的值′a′*/
 putchar（'\n'）;           /*换行，可以输出控制字符，起控制作用*/
 return 0;
}
```

运行结果如图 4-3 所示。

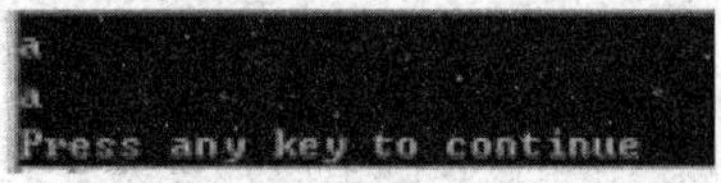

图 4-3　例 4.7 运行结果

2．getchar 函数（字符输入函数）

getchar 函数要求从终端键盘上输入一个字符，输入到某个变量 c 中。其一般形式为：

c=getchar（）；

其功能是从输入设备（一般为键盘）上输入一个字符，函数的返回值是该输入字符对应的 ASCII 码编码值。

程序在执行过程中，若遇到 getchar 函数，系统将等待用户输入，直到 getchar 接收到一个字符后，程序再继续执行。

值得注意的是，其函数原型为：

int getchar（void）；   /*void 表示不允许有参数*/

通常把输入的字符赋予一个字符变量，构成赋值语句，如：

char c;

c=getchar（）；

【例 4.8】getchar 函数举例。

参考程序如下：

```
#include   <stdio.h>
int main（）
{   int ch;
    ch=getchar（）;      /*从键盘输入字符，该字符的 ASCII 编码值赋给 ch*/
    putchar（ch）;       /*输出 ch 对应的字符*/
    putchar（'\n'）;         /*换行，可以输出控制字符，起控制作用*/
return 0;
}
```

运行结果如图 4-4 所示。

图 4-4　例 4.8 运行结果图

实用 C 语言程序设计

注意：

（1）执行 getchar 函数输入字符时，键入字符后需要敲回车键，此后程序才会响应输入，继续执行后续语句。

（2）getchar 函数也将回车键作为一个回车符读入。因此，在用 getchar 函数连续输入两个字符时要注意回车符。

4.1.5　顺序结构程序设计举例

在顺序结构程序中，各语句（或命令）是完全按照语句出现的先后次序顺序执行的，且每个语句都会被执行到。

顺序结构的 N-S 图表示如图 4-5 所示，执行顺序为先执行 A 操作后执行 B 操作。

例如，假设银行定期存款的年利率 rate 为 2.25%，存款期为 n 年，存款本金为 capital 元，则 n 年后可得到的按复利计算的本利之和是多少呢?用数学方法来解决这个问题的复利计算公式为

$$deposit=capital\times(1+rate)^n$$

若要用计算机编程实现，则首先需要设计算法，用传统流程图表示这一算法如图 4-6 所示。从本例可以看出，顺序结构虽然简单，但也蕴含着一定的算法，并且有一定的规律可循，通过对图 4-6 的进一步分析可以发现，顺序结构的基本程序框架主要由输入算法所需要的数据、进行运算和数据处理、输出运算结果数据三部分组成。

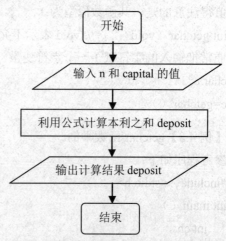

图 4-5　顺序结构的 N-S 图表示　　　　图 4-6　计算存款本利之和的算法流程图

【例 4.9】设银行定期存款的年利率（rate）为 2.25%，并已知存款期为 n 年，存款本金为 capital 元，试按复利编程计算 n 年后的本利之和 deposit。

这个例子的算法已经在上面分析过了，现在来编写程序。

参考程序如下：

```
#include<math.h>
#include <stdio.h>
```

```
int main ()
{
    intn;                               /*定义存款期变量*/
    double    rate=0.0225;              /*定义存款年利率变量*/
    double    capital;                  /*定义存款本金变量*/
    double    deposit;                  /*定义本利之和变量*/
    printf ("Please enter year, capital:"); /*显示用户输入的提示信息*/
    scanf ("%d,%lf",&n,&capital);       /*输入数据，数据间以逗号分隔*/
    deposit=capital*pow (1+rate,n);     /*调用函数 pow () 计算存款利率之和*/
    printf ("deposit=%f\n",deposit);    /*显示按复利计算的存款本利之和*/
    return 0;
}
```

运行结果如图 4-7 所示。

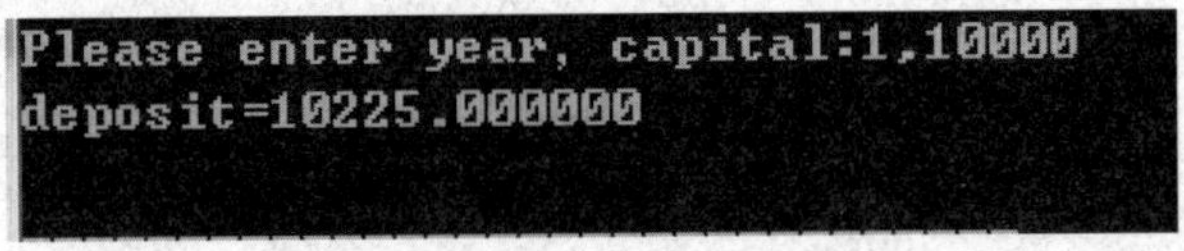

图 4-7　例 4.9 运行结果

在将图 4-6 所示的流程图转化为程序时，并非像流程图所示的那样，只需三行语句就够了。首先，任何标准 C 程序都必须有且只有一个主函数 main ()，其函数体由一对花括号括起来；程序是从主函数开始执行的，在函数体的开始处首先应对函数中所要使用的所有变量进行变量定义，然后再进行其他各种操作，包括数据的输入、处理和输出。

在输入数据前让程序输出一条输入提示信息，可以增加程序的易用性，有助于用户了解程序的运行状态并按照正确的格式输入数据。

从上面这个例子，可以总结出一个简单的 C 程序的结构框架：

```
以#开始的编译预处理命令行
Int main ()
{
    局部变量定义语句；
    可执行语句序列；
    return 0;
}
```

对照上面的结构框架可知，程序的第 1 行 "#include<math.h>" 是一种编译预处理命令，它指示编译系统在对源程序编译之前对源代码进行某种预处理操作，包括宏定义、文件包含、条件编译等。所有的编译预处理命令都以 "#" 开始，每条指令单独占一行，同一行不能有其他的编译指令和 C 语句（注释除外）。

注意：编译预处理命令不是 C 语句。这里，#include 是文件包含编译预处理命令。

文件包含编译预处理命令#include 指示编译系统将一个源文件嵌入含有#include 指令的源文件中该指令所在的位置处。C 程序开发系统提供庞大的支持库。其可分为两类：一类是函数库，另一类是扩展名为"h"的头文件库。函数库中包含标准函数的目标代码，供用户在程序中调用。

通常，在程序中调用一个库函数时，要在调用前引用该函数原型所在的头文件。例如，调用函数 scanf（）、printf（）等有关输入/输出的函数时，需要引用标准输入/输出头文件"stdio.h"；调用标准数学函数时，要引用数学头文件"math.h"，等等。

【例 4.10】求 $ax^2+bx+c=0$ 方程的根。其中，a、b、c 由键盘输入，假设 $b^2-4ac>0$，并且 $a\neq 0$。

理论准备：在数学中，利用求根公式来求解一元二次方程的根是具有普遍性的方法，所以在算法设计中应选用此方法来实现。一元二次方程的求根模型为：

$$x1=\frac{-b+\sqrt{b^2-4ac}}{2a};$$

$$x2=\frac{-b-\sqrt{b^2-4ac}}{2a}$$

令 $p=\frac{-b}{2a}$，$q=\frac{\sqrt{b^2-4ac}}{2a}$，则

$$x1=p+q$$
$$x2=p-q$$

分析：

（1）输入实型数 a,b,c，用户自行保证要求满足 $a\neq 0$ 且 $b^2-4ac>0$；

（2）求判别式 disc= b*b-4*a*c；

（3）调用求平方根函数 sqrt（），求 p,q；

（4）根据公式求方程两个根 x1 与 x2；

（5）输出方程的两个根。

参考程序如下：

```
#include <stdio.h>
#include <math.h>
int main（）
{
    float a,b,c,disc,p,q,x1,x2;
    printf（"请输入符合要求的系数 a,b,c:\n"）;
    scanf（"%f%f%f",&a,&b,&c）;        /* 输入 a,b,c */
    disc=b*b-4*a*c;                    /* 计算 disc*/
    p=-b/（2*a）;
```

```
    q=sqrt（disc）/（2*a）；
    x1=p+q;x2=p-q;                    /* 计算方程的两个不等根 */
    printf（"方程的根：\n x1=%f\n x2=%f\n",x1,x2）；  /* 输出 */
    return 0；
}
```

运行结果如图 4-10 所示。

图 4-9　例 4.10 运行结果

4.2　选择结构程序设计

在顺序结构程序中，程序的流程是固定的，不能跳转，只能按照书写的先后顺序逐条地执行语句。这样一旦发生特殊情况（如发现输入数据不合法等），将无法进行特殊处理，而且在实际问题中，有很多时候需要根据不同的判断条件执行不同的处理步骤。例如：

（1）计算一元二次方程 $ax^2+bx+c=0$ 的根，如果 $b^2-4ac>0$，则输出两个不相等的实根；如果 $b^2-4ac=0$，则输出两个相等的实根；如果 $b^2-4ac<0$，则输出一对共轭复根。

（2）根据学生的百分制考试成绩判断学生成绩属于哪个档次（优、良、中、及格、不及格）。

就程序设计者而言，他并不知道具体的执行情况，但应尽可能编写出能适应各种可能性的程序，即令程序具有选择的功能。我们常说的计算机具有逻辑判断能力，就是指计算机具有这种选择、控制程序的能力。

编程解决上述这种需要分情况处理的问题，就需要用到本节将要介绍的选择结构，也称分支结构。

选择结构是程序设计中的基本结构之一，它根据"条件"判断的结果决定程序执行的流程。在 C 程序中，可根据情况使用条件表达式、if 语句或 switch 语句来实现选择结构。选择结构中的"条件"实际上是一个表达式，程序的执行要根据是否满足这个表达式所表示的条件来进行选择。

4.2.1　if 语句

1．if 语句的三种形式

C 语言中提供的 if 语句有三种基本形式。

if 语句中的表达式一般为逻辑表达式或关系表达式，且表达式要用圆括号括起来。由于 C 语言的语法中并没有做这种限制，所以理论上可以允许任何表达式。而其中的语句可以是任何单个语句（包括复合语句）。

（1）形式 1：不带 else 的 if 语句

if（表达式）语句；

形式 1 是不带 else 的 if 语句，是 if 语句的基本形式，其执行过程为：如果表达式的值为非 0（逻辑真），则执行其后的语句；否则不执行该语句，即跳过该语句。也即实现了单边选择结构。执行过程的流程图和 N-S 图如图 4-10 所示。

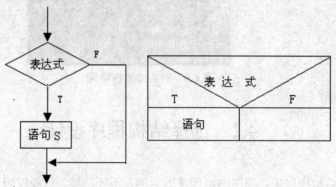

图 4-10　if语句（形式 1）执行过程流程图和 N-S 图

【例 4.11】成绩加上获奖信息——单分支程序设计：学校曾经组织了一次程序设计大奖赛，规定本学期程序设计课的成绩可以根据是否在大奖赛上获奖而加 5 分。编写程序，计算某同学的程序设计课成绩。

分析：计算成绩方法流程图如图 4-11 所示。

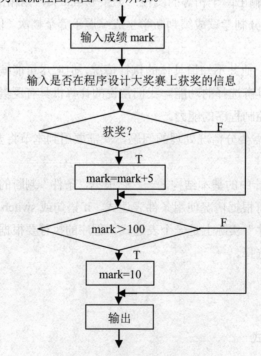

图 4-11　计算成绩方法流程图

参考程序如下：
```
#include <stdio.h>
int main（）
{
char win;
int    mark;
printf（"输入你的考试成绩："）;
scanf（"%d",&mark）;
printf（"你是否在程序设计大奖赛获奖（Y/N）?\n"）;
win=getchar（）; /*加个"getchar（）;"是为了读掉前边 scanf 函数遗留下的回车符*/
if（（win=='Y'）||（win=='y'））
mark= mark +5;
if （mark> 100）
mark=100;
printf（"你的最后成绩是：%d \n"，mark）;
}
```

在此例的逻辑判断过程中"否则"部分没有任何操作，这就是运用了 if 语句的形式 1（不带 else 的 if 语句）。

【例 4.12】输入两个整数，求出大的数并输出。

参考程序如下：
```
#include <stdio.h>
int main（）
{
int a,b,max;
printf（"\n input two numbers: "）;
    scanf （"%d%d" &a,&b）;
    max=b;              /*首先假设 b 为大的一个数*/
if （ a>max） max=a;    /* 如果 b 不为大的一个数，则 a 是大的一个数*/
    printf（"max=%d\n", max）;
return 0;
}
```

本例程序中，输入两个数 a,b。把 b 先赋予变量 max，再用 if 语句判别 max 和 a 的大小，如 max 小于 a，则把 a 赋予 max，因此 max 中总是大数，最后输出 max 的值。

运行结果如图 4-12 所示。

图 4-12 例 4.12 运行结果

（2）形式 2：if-else 形式

if（表达式）

语句 1；

else

语句 2；

形式 2 称为 if-else 形式，其执行过程为：如果表达式的值为非 0（逻辑真）时，执行语句 1，否则执行语句 2。执行过程的流程图和 N-S 图如图 4-13 所示。它通常用在表示条件满足或不满足分别执行两组不同操作的情况中。在程序的执行过程中，两个语句中只有一个语句将被执行，即实现了双边选择结构。

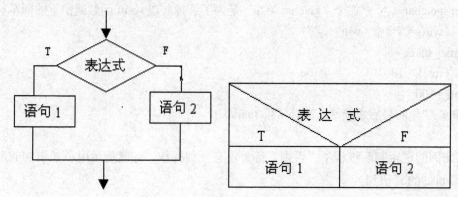

图 4-13　if 语句（形式 2）流程图和 N-S 图

显然，形式 2 的 if 结构语句相当于两条形式一的 if 结构语句，它也可表示为：

if（表达式）语句 1；

if（！表达式）语句 2；

注意：在 C 语言中，分号是不可或缺的一部分，语句 1 和语句 2 后面的分号不能缺少。但不要误认为 if-else 形式的选择结构是两个语句（if 语句和 else 语句），它们同属于一个 if 语句，else 子句只是 if 语句的一部分，不能单独使用，必须与 if 子句成对使用。

【例 4.13】求输入数据的绝对值并输出。

流程分析：

（1）输入一个数据 x；

（2）如果 x<0 则输出-x；否则，输出 x。

使用 if-else 选择结构实现双分支，程序如下：

```
#include <stdio.h>
int main（）
{
int x, y;
printf（"Enter an integer:\n"）;
scanf（"%d",&x）;
if（x<0）
```

```
y=-x;
else
y=x;
printf（"integer:%d\tabsolube value:%d\n", x, y）;
return 0;
}
```

运行结果如下：

Enter an integer: -8✓

integer: - 8　　　absolube value:8

本例程序中，运行效果实现了输入一个整数，输出该数的绝对值。使用 if-else 语句判别 x 是否小于 0，若 x 小于 0，则输出-x 的值，否则输出 x 的值。注意：else 之前有一分号，如无此分号，则会出现语法错误。

（3）形式 3：if-else-if 形式

```
if（表达式 1）语句 1;
else if（表达式 2）语句 2;
else if（表达式 3）语句 3;
…
else if（表达式 m）语句 m;
else 语句 n;
```

形式 3 称为 if-else-if 形式，其执行过程为：按先后顺序依次求 if 后表达式的值，如果某个表达式的值为非 0（真），则执行其后的那条语句，并跳过其后的其他语句，即由此结束整个 if 语句；如果所有的表达式的值均为 0（假），则执行最后一个 else 后的语句 n。如果没有语句 n，最后的else 可以省略，表示在前面所有if 条件都不满足时将不执行任何操作。执行过程的流程图如图4-14 所示。

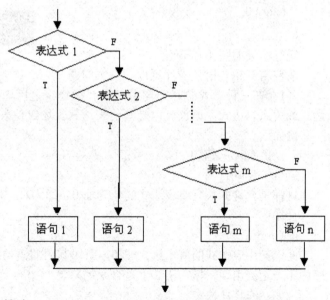

图 4-14　if 语句（形式 3）流程图

【例 4.14】用条件语句编写程序，判断学生考试成绩属于哪个档次（优、良、中、及格、不及格）。

程序分析：如果用 score 代表学生成绩，只须分别给出属于优、良、中、及格、不及格的成绩范围，判断 score 在哪一个成绩段内，然后再输出该成绩段属于哪个档次即可。

算法描述如下：

Step1：读取学生成绩 score

Step 2：判断 score 的值

Step 3：如果 score <60，输出"不及格"；如果 60≤score≤69，输出"及格"；如果 70≤score≤79，输出"中"；如果 80≤score≤89，输出"良"；如果 90≤score≤100，输出"优"。

根据输入的百分制成绩来判定学生成绩的等级，其判定标准为：90 以上为优；80 至 89 为良好；70 至 79 为中；60 至 69 为及格；60 分以下为不及格。优、良、中、及格和不及格分别用 A、B、C、D、E 表示。用条件语句编写的程序如下：

```c
#include"stdio.h"
int main ()
{
float   score;
    printf ("\n Please input score:");
    scanf ("%f",&score);
    if (score>=90)  printf ("A\n");
    else if (score>=80)   printf ("B\n");
    else if (score>=70)   printf ("C\n");
    else if (score>=60)   printf ("D\n");
    else printf ("E\n");
    return 0;
}
```

运行结果如图 4-15 所示。

在使用 if 语句时还应注意以下几个问题。

图 4-15   例 4-14 运行结果

（1）在三种形式的 if 语句中，在 if 关键字之后均为表达式。该表达式通常是逻辑表达式或关系表达式，但也可以是其他表达式，如赋值表达式等，甚至也可以是一个变量。

例如：

if (a=5) 语句；

if (b) 语句；

这都是允许的。只要表达式的值为非 0，即为真。

又如：

if (a=5);

此语句中表达式的值永远为非 0，所以其后的语句总是要执行的，当然这种情况在程序中不一定会出现，但在语法上是合法的。

又如，有程序段：

if (a=b)

printf ("%d",a);

else

printf ("a=0");

本程序段的语义是：把 b 值赋予 a，如为非 0 则输出该值，否则输出"a=0"字符串。这种用法在程序中是经常出现的。

（2）在 if 语句中，条件判断表达式必须用括号括起来，在语句之后必须加分号。

（3）在 if 语句的三种形式中，所有的语句应为单个语句，如果要想在满足条件时执行一组（多个）语句，则必须把这一组语句用 { } 括起来组成一个复合语句。但要注意的是在}之后不能再加分号。

例如：

```
if（a>b）
  {a++;
  b++;}
  else
  {a=0;
b=10;
}
```

2．if 语句的嵌套

一个 if 语句可以包含多个子句，而 if 语句同样也是一个完整的语句，因此，if 语句的子句显然也可以是一个 if 语句。在 if 语句中又包含一个或多个 if 语句称为 if 语句的嵌套。一般形式如下：

```
if（）
  if（）语句1 ；
  else    语句2 ；
else
  if（）语句 3；
  else    语句 4；
```

在嵌套内的 if 语句可能又是 if-else 型的，这将会出现多个 if 和多个 else 重叠的情况，这时要特别注意 if 和 else 的配对问题。

在 if 语句的嵌套结构中并不需要对称，根据需要决定嵌套的形式即可。在写 if 语句的嵌套结构时，要注意 else 与 if 配对的规则，else 与同一层最接近它而又没有其他 else 语句与之相匹配的 if 语句配对。如果忽略了 else 与 if 配对，就会发生逻辑错误。为了便于人们确定 if 和 else 的对应关系，一般对内嵌 if 语句采用缩进的书写形式。如果采用较好的编程习惯，即缩进形式，那么 if 与 else 的配对就会更明了。在 if 语句的嵌套中，if 和 else 的数目不等时，要注意分辨 else 和 if 的配对关系。例如：

```
if（表达式 1）
    if（表达式 2）
语句 1；
    else
        语句 2；
```

其中的 else 究竟与哪一个 if 配对呢？

根据前述的 else 总是与它前面最近的未配对的 if 配对的原则。应该理解为：else 只能跟第二个 if 配对，第一个 if 总体上是一个单分支结构。其缩进形式写成如下形式：

```
if（表达式1）
    if（表达式2）
        语句1;
        else          /*此处else只能跟第二个if匹配*/
            语句2;
```

这类问题属于逻辑关系错误，在语法上得不到编译程序的任何信息。如果编程者的意图是使else和第一个if组成一个if-else结构，即实现else与第一个if配对，可以加花括号来确定配对关系。例如：

```
if（表达式1）
    {if（表达式2）
语句1;
    }
else          /*此处else跟第一个if匹配*/
语句2;
```

【例4.15】有一个函数如下：

$$y=\begin{cases} 1 & (x>0) \\ 0 & (x=0) \\ -1 & (x<0) \end{cases}$$

编写程序，实现任意输入一个x的值，输出对应的y值。

分析：输入x后，对x进行判断，显然x的值有三种可能。

①如果x>0，则y=1。

②如果x=0，则y=0。

①如果x<0，则y=-1。

图4-16给出了这个问题的算法的N-S图。

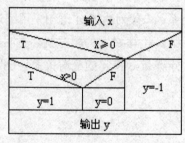

图4-16　例4.15算法的N-S图

在这个算法的N-S图中有两个判断，第二个判断是嵌套在第一个判断之中的，可以用if语句的二重嵌套来实现。

参考程序如下：

```
#include"stdio.h"
```

```
int main（）
{ float x;
    int   y;
    printf（"Please input x:"）;
    scanf（"%f",&x）;
    if（x>=0）
        if（x>0）y=1;   /*内嵌 if 语句*/
        else   y=0;
    else   y=-1;
    printf（"y=%d\n",y）;
return 0;
}
```

运行结果如图 4-17 所示。

Please input x:-1.9
y=-1

图 4-17　例 4.15 运行结果

【例 4.16】任意输入三个数，输出其中的最大值。

分析：设输入数据分别为 a，b，c，随意取出两个数进行比较，以其中较大的一个再与第三个数比较，算法的 N-S 图如图 4-18 所示。

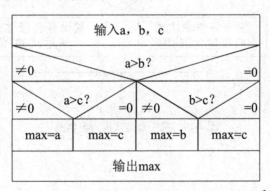

图 4-18　例 4.16 算法的 N-S 图

参考程序如下：

```
#include<stdio.h>
int main（）
{   float a,b,c,max;
    scanf（"%f,%f,%f",&a,&b,&c）;
    if（a>b）
    {   if（a>c）    max=a;           /*内嵌 if 语句*/
```

```
        else   max=c;
    }
    else if（b>c）    max=b;
    else   max=c;
    printf（"max=%5.2f\n",max）;
return 0;
}
```

3．条件表达式

C语言提供了一个可以代替某些 if-else 语句的简便易用的操作符"?"和":"，它是 C 语言中唯一的一个三目运算符，即有三个参与运算的量。由条件运算符连接的式子称为条件表达式，其一般形式是：

表达式 1？表达式 2：表达式 3

操作符？的作用是：在计算表达式 1 之后，如果数值为 true（真），则计算表达式 2，并将结果作为整个表达式的数值；如果表达式 1 的值为 false（假），则计算表达式 3 的值，并以它的结果作为整个表达式的值。例如："5>3?6:20"的值是 6，"5<3?6:20"的值是 20。

其执行流程如图 4-19 所示。

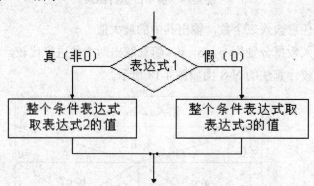

图 4-19　条件表达式执行流程图

例如：

x=10;

if （x>9） y=100;

else y=200;

可以用下面的条件运算符来处理：

x=10;

y=（x>9）?100:200;

又如，将变量 x，y 中的最大值赋给变量 max 可以写成如下语句：

if（x>y）   max=x;

else max=y;

上述 if 语句中，不管条件是否成立，都要给变量 max 赋值，所以可以写为：

max=（x>y）?x:y;

说明：

（1）条件运算符的优先级特别低，仅仅高于赋值运算符和逗号运算符，而比其他运算符都低。例如：

① "max=（x>y）?x:y；" 等价于 "max=x>y?x:y；"，即可以不用加括号。

② "a>b?a:b+1" 等价于 "（a>b）?a:（b+1）"，而不是等价于 "（a>b?a:b）+1"

（2）条件运算符的结合性为"从右到左"（即右结合性）。例如：

a>b?a:c>d?c:d

相当于：

a>b?a:（c>d?c:d）

如果 a=1，b=2，c=3，d=4，则条件表达式的值为 4。

（3）条件表达式中的表达式 1、表达式、2 表达式 3 的类型可以各不相同，但整个条件表达式的值的类型为表达式 2 和表达式 3 中较高的类型。例如：

x>y?2:2.5

如果≤y，条件表达式的值为 2.5，如果 x>y，条件表达式的值为 2.0。

（4）表达式 2 和表达式 3 不仅可以是数值表达式，还可是赋值表达式或函数表达式。例如：

a>b?（a=100）:（b=100）；　　　　　/*其中表达式为赋值表达式*/

又如：

a>b?prinf（"%d",a）: prinf（"%d",b）；　　/*其中表达式为函数表达式*/

（5）条件表达式不能取代所有的 if 语句，只有当 if 语句中内嵌的语句为赋值语句，并且两个分支都给同一个变量赋值时，才能代替 if 语句。

（6）条件运算符可嵌套。例如：

x>0?1:（x<0?-1:0）

其含义是：如果 x 是正数，则为 1；如果是负数，则为-1；如果为零，则为 0。

（7）条件运算符"?"和":"是一对运算符，不能分开单独使用。

4.2.2　switch 语句

多分支结构可以使用嵌套的 if 语句处理,但如果分支较多,嵌套的 if 语句层数也增多,程序冗长，会降低可读性。因此，C 语言提供了 switch 语句，也叫开关语句，来实现多分支选择。switch 语句通过单条件测试，根据表达式多种可能的取值（一组常数中的某一个）来产生分支。其一般形式：

switch（表达式）
{
case 常量表达式 1:语句 1;
case 常量表达式 2:语句 2;
　　…
case 常量表达式 n: 语句 n;
　[default:　语句 n+1;]
}

switch 语句的执行过程是这样的：首先计算表达式的值，然后，其结果值依次与每一个常量表达式的值进行匹配（常量表达式的值的类型必须与表达式的值的类型相同）。如果匹配成功，则执行该常量表达式后的语句系列。因此，"case 常量表达式"只是起语句

实用 C 语言程序设计

标号的作用，而不是在该处进行条件判断。当表达式的值与某个常量表达式的值一致时，相当于找到了匹配的入口标号，便从此标号开始执行下去。当遇到 break 时，则立即结束 switch 语句的执行，否则，顺序执行到花括号中的最后一条语句。default 情形是可选的，如果没有常量表达式的值与表达式的值匹配，则执行 default 后的语句系列。当 switch 语句没有 default 子句，表达式的值与所有常量表达式的值又都不一致时，此 switch 语句相当于一个空语句，什么也不执行。需要注意的是：表达式的值的类型必须是字符型或整型。

说明：

（1）switch 括号后面的表达式，一般是 int、char 和枚举型中的一种，而每个 case 后的常量表达式的值的类型必须与 switch 后面的表达式的值的类型相同。例如，下面的程序是错误的：

```
float a, b=4.0;
scanf（" %f", &a）;
switch（a）          /*错误，不可为浮点型表达式*/
{
    case 1: b=b+1; break;
    case 2: b=b-1; break;
}
printf（" b=%f\n", b）;
```

（2）每一个 case 后常量表达式的值必须互不相同，否则就会出现矛盾，即对表达式的同一个值，有两种或多种执行方案。例如，下面的程序是错误的：

```
int a, b=4;
scanf（"%d", &a）;
switch（a）
{
    case 1: b=b+2; break;
    case 2: b=b*2; break;
    case 1: b=b+2; break;    /*错误，case 1 在前面已经使用，可改为 case 3*/
}
printf（"b=%d\n", b）;
```

（3）case 子句和 default 子句如果都带有 break 子句，则各个 case 和 default 出现的顺序变化不影响执行结果。而 case 子句和 default 子句如果有的带有 break 子句，有的没有带 break 子句，则它们之间顺序的变化可能会影响执行结果。

（4）switch 结构内的各个 case 及其后语句执行流程为顺序执行。因此，执行完一个 case 后面的语句后，流程控制转移到下一个 case 中的语句继续执行。此时，"case 常量表达式"只是起到语句标号的作用，并不在此处进行条件判断。在执行一个分支后，可以使用 break 语句使流程跳出 switch 结构，即终止 switch 语句的执行，但是在最后一个分支后可以不使用 break 语句。这样，完整而合理的 swith 结构形式如下：

```
switch（表达式）
{
case 常量表达式 1：语句 1；break;
case 常量表达式 2：语句 2；break;
…
```

```
case 常量表达式 n：语句 n；break;
    [default:  语句 n+1；]
}
```

（5）case 后面如果有多条语句，这些语句可以用{ }括起来，也可以不括起来，但一般不加{ }。如：

```
switch（i）
{
    case 1: {b=b+1; break;}        /*{ }可加可不加*/
    case 2: b=b-1; break;
}
```

（6）多个 case 可以共用一组执行语句。例如：下面的程序中，当 a 的值是 1，2、3时，将 b 的值加 2，当 a 的值是 4，5，6 时，将 b 的值减 2。

```
int a,b=4;
scanf（"%d", &a）;
switch（a）
{
    case 1:
    case 2:
    case 3: b+=2; break;
    case 4:
    case 5:
    case 6: b-=2;   break;
    default: b*=2;   break;
}
printf（" b=%d\n", b）;
```

（7）每个 case 后面必须是常量表达式，表达式中不能包含变量。初学者使用 switch语句时很容易犯此类错误，所以这一点务必要注意。例如：下面程序的功能是判断用户输入的字符类别，但程序是错误的，因为 case 后面的表达式不是常量表达式。

```
char c;
printf（" Enter a character: "）;
c=getchar（）;
switch（c）
{
    case c<0x20:        /*错误，case 后面跟着变量，下同*/
        printf（" The character is a control character\n"）;
        break;
    case c>='0'&&c<='9':
        printf（"The character is a digit\n"）;
        break;

    case c>='A'&&c<='Z':
            printf（" The character is a captial letter\n"）;
            break;
    case c>='a'&&c<='z':
```

実用C語言程序設計

```
                    printf（"The character is a lower letter\n"）;
                    break;
        default:
                    printf（"The character is other letter\n"）;
                    break;
    }
```

要实现该程序的功能，应使用 if-else-if 形式的分支结构，读者可自行思考。当然，如果非要使用 switch 语句来实现，则只能将每种字符列举出来，这种方法显然是非常烦琐的，所以 if 语句的功能并不是简单地用 switch 来代替就行，有时 switch 语句根本无法实现 if 语句的功能。

（8）switch 语句可以嵌套。例如：

```
int main（）
{
    int x=1, y=0, a=0, b=0;
    switch（x）
    {
    case 1:  switch（y）
             {
                    case 0:  a++;  break;
                    case 1:  b++;  break;
             }
    case 2:  a++;  b++;  break;
    case 3:  a++;  b++;
    }
    printf("a=%d,b=%d\n",a,b）;
    return 0;
}
```

程序运行的结果为：

a=2,b=1

【例 4.17】输入数字 1～7，翻译成星期英文输出。

参考程序如下：

```
#include"stdio.h"
int main（）
{
    int a;
    printf（"input integer number: "）;
    scanf（"%d",&a）;
    switch （a）
    {
      case 1:printf（"Monday\n"）;break;
      case 2:printf（"Tuesday\n"）; break;
```

```
case 3:printf（"Wednesday\n"）;break;
case 4:printf（"Thursday\n"）;break;
case 5:printf（"Friday\n"）;break;
case 6:printf（"Saturday\n"）;break;
case 7:printf（"Sunday\n"）;break;
default:printf（"error\n"）;
}
return 0;
}
```

运行结果如图 4-20 所示。

图 4-20　例 4.17 运行结果

本程序是要求输入一个数字，输出一个英文单词。当表达式的值为 1～7 之间某个数字时，就执行与之相等的常量后面的语句，否则就执行 default 后面的语句。 case 常量起的是语句标号的作用，程序并不在此进行判断。当程序执行某个标号的语句，就会按顺序执行以后的语句，直到遇到 break 语句或 switch 语句结束。

4.2.3　选择结构程序举例

前面已经学习了顺序结构和两种选择结构。这些结构都可以互相嵌套和组合，从而设计出结构复杂的程序。接下来，将通过几个具体的例子介绍两种选择结构和顺序结构的嵌套和组合。

【例 4.18】分多种情况，详细地求方程 $ax^2+bx+c=0$ 的实数解。

分析：根据 3 个系数的不同情况，方程的根有如下几种情况：

（1）a=0：不是二次方程。

（2）$b^2-4ac=0$：有两个相等的实根，只需要求一个根。

（3）$b^2-4ac>0$：有两个不等的实根，求 x1 和 x2。

（4）$b^2-4ac<0$：没有实数解。

参考程序如下：

```
#include"stdio.h"
#include<math.h>
int main（）
{
    float  a, b ,c, xl, x2, disc;
    printf（"\n input a b c: "）;
    scanf（"%f%f%f", &a, &b, &c）;
    if（fabs（a）<1e-6）  /*a 等于 0*/
        printf（"The equation is not a quadratic\n"）;
```

```
        else
        {
            disc=b*b-4*a*c;                /*求判别式*/
            if（disc<0）                    /*判别式小于 0*/
                printf（"The equation has not real root!\n"）;
            else
                if（fabs（disc）<1e-6）/*判别式等于 0*/
                    printf（"The equation has two equal roots：%8.4f\n",-b/（2*a））;
                else
                {
                    xl=（-b+sqrt（disc））/（2*a）;
                    x2=（-b-sqrt（disc））/（2*a）;
                    printf（"The equation has distinct real roots:%8.4f,%8.4f\n",xl,x2）;
                }    /*3 条顺序结构的语句组成一条复合语句*/
        }    /*1 条赋值语句和"if（disc＜0）"组成一条复合语句*/
        return 0;
        }
```

运行结果如图 4-21 所示。

```
input a b c: 2  -2  -3
The equation has distinct real roots:  1.8229, -0.8229
```

图 4-21　例 4.18 运行结果

程序中用 disc 代表 b^2-4ac，先计算 disc 的值，以减少以后的重复计算。对于判断 b^2-4ac 是否等于 0 时，要注意一个问题：由于 disc（即 b^2-4ac）是实数，而实数在计算和存储时会有一些微小的误差，因此不能直接进行如下判断：

if （disc==0）

因为这样可能会出现本来是零的量，由于上述误差而被判别为不等于零而导致结果错误。所以采取的办法是判别 disc 的绝对值（fabs（disc））是否小于一个很小的数（例如 1e−6），如果小于此数，就认为 disc=0。

该程序中用到的平方根函数 sqrt 包含在头文件"math.h"中，所以程序中第一句增加了"#include<math.h>"。

【例 4.19】编程设计一个简单的猜数游戏：先由计算机"想"一个数请玩家猜，如果玩家猜对了，则计算机给出提示"Right!"，否则提示"Wrong!"，并告诉玩家所猜的数是大了还是小了。

本例程序设计中的难点是如何让计算机"想"一个数。"想"反映了一种随机性，可用标准库函数 rand（）产生计算机"想"的数。

函数 rand（）产生一个 0 到 RAND_MAX 之间的随机整数，RAND_MAX 是在头文件"stdlib.h"中定义的符号常量，因此使用该函数时需要包含头文件 stdlib.h。ANSI 标准规定 RAND_MAX 的值不得大于双字节整数的最大值 32767。算法设计如下：

Step1：通过调用随机函数任意"想"一个数 magic。

Step2：输入玩家猜的数 guess。

Step3：如果 guess> magic，则给出提示："Wrong! Too high!"。

Step4：否则，如果 guess< magic，给出提示："Wrong! Too low!"。

Step5：否则，guess=magic，给出提示："Right!"，并输出 guess 值。

算法流程图如图 4-22 所示

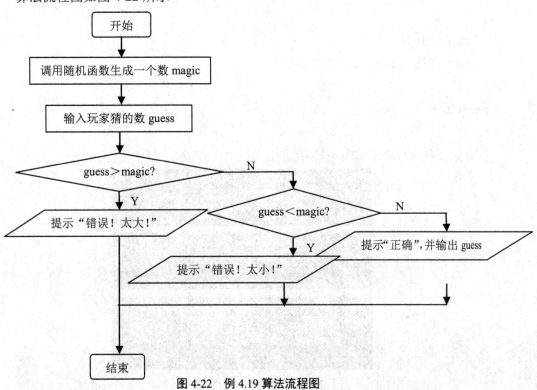

图 4-22 例 4.19 算法流程图

编写程序如下：

```c
#include< stdlib.h>
#include<stdio.h>
int main （）
{
int magic;                    /*计算机"想"的数*/
int guess;                    /*玩家猜的数*/
magic=rand （）;              /*通过调用随机函数让计算机"想"一个数 magic*/
printf （"Please guess a magic number:"）;
scanf （"%d",&guess）;         /*输入玩家猜的数 guess*/
if （guess>magic）             /*猜大了*/
{
```

```
    printf ("wrong! Too high!\n");
    }
else if (guess<magic)              /*猜小了*/
    {
    printf ("Wrong! Too low!\n");
    }
else                               /*猜对了*/
    {
    printf ("Right! \n");
    printf ("The number is:%d\n",magic);
    }
return 0;
}
```

程序的三种运行结果如图 4-23 所示。

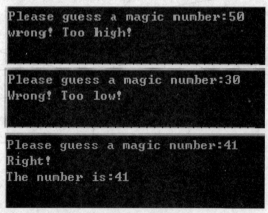

图 4-23   例 4.19 运行结果

【例 4.20】编写程序，从键盘上输入年份 year（4 位十进制数），判断其是否为闰年。

分析：闰年的条件是能被 4 整除但不能被 100 整除，或者能被 400 整除。

（1）整除描述：如果 X 能被 Y 整除，则余数为 0，即如果 X％Y 的值等于 0，则表示 X 能被 Y 整除。

（2）首先将是否闰年的标志 leap 预置为 0（非闰年），这样仅当 year 为闰年时才将 leap 置为 1。这种处理两种状态值的方法对优化算法和提高程序可读性非常有效。算法 N-S 图如图 4-24 所示。

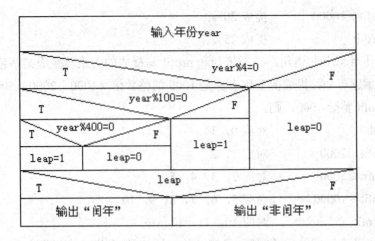

图 4.24　例 4.20 算法 N-S 图

程序如下：

```
#include"stdio.h"
int main（）
{
    int year,leap=0;      /* leap=0：预置为非闰年*/
    printf（"Please input the year:"）；
    scanf（"%d",&year）；
    if（year % 4==0）
      if （year % 100 != 0）leap=1;
      else
        {if（year%400==0）  leap=1;}
      if（leap）printf（"%d is a leap year.\n",year）；
    else    printf（"%d is not a leap year.\n",year）；
  return 0;
}
```

运行结果如图 4-25 所示。

```
Please input the year:2004
2004 is a leap year.
```

图 4-25　例 4.20 运行结果

【例 4.21】已知某公司员工的保底薪水为 500，某月所接工程的利润 profit（整数）与利润提成的关系如下（计量单位：元）：

profit≤1000	没有提成
1000＜profit≤2000	提成 10%
2000＜profit≤5000	提成 15%

| 5000＜profit≤10000 | 提成 20%; |
| 10000＜profit | 提成 25%。 |

分析：为使用 switch 语句，必须将利润 profit 与提成的关系转换成某些整数与提成的关系。分析本题可知，提成的变化点都是 1000 的整数倍（1000，2000，5000、…），如果将利润 profit 整除 1000，则：

profit≤1000	对应 0，1
1000＜profit≤2000	对应 1，2
2000＜profit≤5000	对应 2，3，4，5
5000＜profit≤10000	对应 5，6，7，8，9，10
10000＜profit	对应 10，11，12、…

为解决相邻两个区间的重叠问题,最简单的方法就是:利润 profit 先减 1（最小增量），然后再整除 1000 即可：

profit≤1000	对应 0
1000＜profit≤2000	对应 1
2000＜profit≤5000	对应 2，3，4
5000＜profit≤10000	对应 5，6，7，8，9
10000＜profit	对应 10，11，12、…

参考程序如下：

```c
#include"stdio.h"
int main（）
{
long   profit;
    int    grade;
    float   salary=500;
    printf（"Input   profit: "）;
    scanf（"%ld", &profit）;
    grade=（profit -1）/1000;/*将利润－1、再整除 1000，转化成 switch 语句中的 case 标号*/
    switch（grade）
    {
    case  0:  break;                    /*profit≤1000 */
    case  1: salary += profit*0.1; break;      /*1000＜profit≤2000 */
    case  2:
    case  3:
    case  4: salary += profit*0.15; break;     /*2000＜profit≤5000 */
    case  5:
    case  6:
    case  7:
```

```
    case    8:
    case    9: salary += profit*0.2; break;        /*5000＜profit≤10000 */
    default: salary += profit*0.25;                /*10000＜profit */
}
printf（"salary=%.2f\n", salary）;
    return 0;
}
```

运行结果如图 4-26 所示。

`salary=1678.00`

图 4-26　例 4.21 运行结果

从本例中可以进一步地体会到 case 后面的常量表达式仅起语句标号作用，并不进行条件判断。系统一旦找到入口标号，就从此标号开始执行，不再进行标号判断，所以必要时必须加上 break 语句，以便结束选择流程。

4.3　循环结构程序设计

在例 4.19 中，设计了一个简单的猜数游戏，这个程序每执行一次，只允许猜一次，如果猜不对想再猜一次，只能再运行一次程序。能否在不退出程序运行的情况下，让玩家连续猜许多次直到猜对为止呢？

实际应用中的许多问题，都会涉及如上所述的需要重复执行的操作和算法，如级数求和、方程的迭代求解、穷举法解题等，这些需要重复处理的需求，其相应的操作在计算机程序中就体现为某些语句的反复执行，这就是所谓的循环。循环结构可以让我们只写很少的语句，而让计算机反复执行，从而完成大量类同的计算。

C 语言中提供了 4 种可以构成循环控制的语句，其中后三种是最常用的循环结构。

（1）用 goto 语句和 if 语句的组合构成循环结构。

（2）while 语句构成的循环结构（当型循环）。

（3）do-while 语句构成的循环结构（直到型循环）。

（4）for 语句构成的循环结构（for 循环）。

4.4.1　goto 语句以及用 goto 语句构成循环

goto 语句是一种无条件转移语句，与 BASIC 中的 goto 语句相似。goto 语句的使用格式为：

goto　语句标号;

其中语句标号是一个有效的标识符，这个标识符加上一个"："一起出现在函数内某处，执行 goto 语句后，程序将跳转到该标号处并执行其后的语句。此外，标号必须与

goto 语句同处于一个函数中，但可以不在一个循环层中。通常 goto 语句与 if 条件语句连用，当满足某一条件时，程序跳到标号处运行。C 语言允许在任何语句前添加语句标号。作为 goto 语句转向的目标，并且不限制程序中使用标号的次数，但各标号不得重名。

【例 4.22】用 goto 语句和 if 语句编程求 1+2+…+100。
参考程序如下：

```c
#include "stdio.h"
int main ()
{
        int i,sum=0;
        i=1;
loop:    if (i<=100)
{sum=sum+i;
i++;
goto loop;}
        printf ("%d\n",sum) ;
        return 0;
}
```

运行结果如图 4-27 所示。

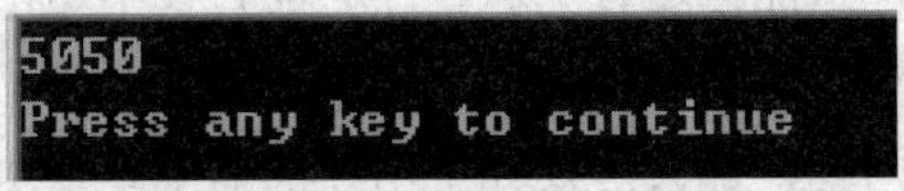

```
5050
Press any key to continue
```

图 4-27　例 4.22 运行结果

goto 语句使程序执行分支转移到标号所在的语句，如例 4.22 中的"loop"。

使用 goto 语句时，标号的位置必须在当前函数内。也就是说，不能使用 goto 从 main 函数转移到另一个函数的标号上，或反过来。

注意：现代程序设计方法不提倡使用 goto 语句，可使用 if，if-else 和 while 这样的结构来代替它，增强代码的可读性。

4.4.2　while 语句

while 语句在 C 语言中用得比较多，它是通过先判断循环控制条件是否满足来决定是否继续执行循环，又称当型循环。
它的一般语句格式如下：
while（表达式）
循环体语句；
执行过程：执行时先计算表达式的值，判断循环条件，当条件为真（表达式的值为非 0）时，执行循环体语句，然后返回，再判断条件，重复上述过程，直到条件为假（表达式的值为 0）时才跳出循环，继续执行循环体外的后续语句，如图 4-28 所示。

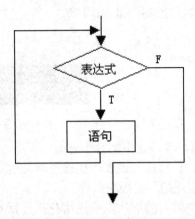

图 4-28　while 语句执行流程图

需要说明的是：

（1）while 语句的特点是先计算表达式的值，然后根据表达式的值决定是否执行循环体中的语句。因此，如果表达式的值一开始就为"假"，那么循环体一次也不执行。

（2）当循环体由多个语句组成，必须用｛｝括起来，构成复合语句。如果不加花括号，则 while 语句的范围只到 while 后的第一个分号处。

（3）在循环体中应有使循环趋于结束的语句，以避免"死循环"的发生。

（4）单独一个分号也为一条有效语句，即空语句，表示什么也不执行。空语句作为循环体时，一般用作延时。

【例 4.23】用 while 语句编程求 1+2+…+100 的累加和。

分析：这是一个多个数求和的问题，可以用循环语句来解决。根据计算过程，我们可以画出其 N-S 图，如图 4-29 所示。

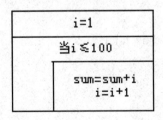

图 4-29　例 4.23 算法 N-S 图

参考程序如下：

```
int main（）
{
    int i=1,sum=0;          /*初始化循环控制变量i和累计器sum*/
```

```
    while（i<=100）      /*条件判断，控制循环*/
    { sum += i;        /*实现累加*/
      i++;             /*循环控制变量自i增1*/
    }
    printf（"sum=%d\n",sum）;
  return 0;
}
```

```
5050
Press any key to continue
```

运行结果如图 4-30 所示。　　　　　　　　　　　　图 4-30　例 4.23 运行结果

在编写 while 循环程序时，要注意下面几个方面。

（1）while 语句中的表达式一般是关系表达式或逻辑表达式，只要表达式的值为真（非 0）即可继续循环。表达式的值是循环的控制条件。

（2）循环体如果包含一个以上的语句，应该用花括号括起来，以复合语句的形式出现。如果不加花括号，则 while 语句的循环体只包含一条语句。比如上例中，while 语句中如无花括号，则 while 语句的循环体只有"sum += i;"一条语句。

（3）当型循环的循环体语句有可能一次也不执行。

（4）通常情况下，程序中会利用一个变量来控制 while 语句的表达式的值，这个变量被称为循环控制变量。如在例 4.31 中的变量 i 就是循环控制变量。在执行 while 语句之前，循环控制变量必须初始化，否则执行的结果将是不可预知的。

（5）在 while 语句的某处（表达式或循环体中）应有使循环趋向于结束的语句，即改变循环控制变量的值的语句，否则极易造成死循环。比如上例中的语句"i++;"，只有 i 不断增加，才能使循环结束的条件"i>100"最终达到，从而结束循环。

（6）允许 while 语句的循环体也是 while 语句，从而形成双重循环。例如，下面的程序包含了一个二重循环：

```
i=1;
while（i<=9）
{
    j=1;
    while（j<=9）
    {
        printf（"%d*%d=%d\n", i, j, i*j）;
        j++;
    }
    i++;
}
```

4.4.3　do-while 语句

do-while 语句可以实现直到型循环结构，其特点是：先执行一次循环体中的语句，再通过判断表达式的值来决定是否继续循环，循环条件的测试是在循环的尾部进行的。它是一种专门的直到型循环语句。

其一般形式如下：

do

循环体语句

while（表达式）；

同 while 语句一样，其中循环体语句为循环操作，表达式为循环条件。

其具体执行过程为：先执行一次循环体语句，然后判别表达式，若表达式的值为真（非0），返回重新执行循环体语句，如此反复，直到表达式的值为假（等于 0）时才结束 do-while 循环，如图 4-31 所示。

【例 4.24】用 do-while 语句编程求 1+2+…+100。

算法 N-S 图如图 4-32 所示。

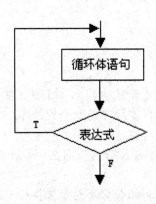

图 4-31　do-while 循环执行流程图

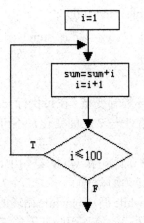

图 4-32　例 4.24 算法 N-S 图

参考程序如下：

```
#include<stdio.h>
int main（）
{int i=1,sum=0;
    do
    {sum+=i;
        i++;
    }
    while（i<=100）；
  printf（"sum=%d\n",sum）；
 return 0;
}
```

运行后输出结果与图 4-30 所示一样。

注意不要遗忘了 do-while 语句中表达式括号后面的分号"；"。此外，为了便于区分 while 语句和 do-while 语句，即使 do-while 语句中循环体只有一个语句，也最好用花括号将循环体括起来，并且把语句中"while（表达式）；"部分直接写在"}"的后面，以免混淆这两种语句形式。

可以看到，对同一个问题可以用 while 语句处理，也可以用 do-while 语句处理，但不管用哪种语句处理，对循环控制变量赋初值时，一定不能将赋值语句放到循环体语句中，而要放到循环语句之前，否则，程序将是一个死循环。分析下面的程序：

```
int main（）
{
    int i,sum=0;
    do
    {
        i=1;                      /*循环控制变量i在循环体内赋初值*/
        sum+=i;
        i++;
    }while（i<=100）;
    printf（"sum=%d\n",sum）;
return 0;
}
```

由于循环控制变量 i 在每执行一次循环体时都被重新赋值为 1，即 i 值在整个程序执行过程中，总在 1 与 2 之间变化，不可能大于 100，所以本程序是一个死循环。

说明：

（1）在 if 语句和 while 语句中，表达式后面都不能加分号，而在 do-while 语句的表达式后面则必须加分号。

（2）do-while 循环与 while 循环的主要区别是：do-while 循环总是先执行一次循环体，然后再求表达式的值，因此，无论表达式的值是否为真，循环体至少执行一次；而 while 循环先判断循环条件再执行循环体，循环体可能一次也不执行。因此，当循环体语句至少要执行一次时，while 和 do-while 语句可以相互替换。

（3）do-while 语句也可以组成多重循环，并且可以和 while 语句相互嵌套。

（4）其他方面，比如当循环体内有多个语句时须用{ }括起来组成复合语句，还有要避免死循环等要求与 while 循环语句相同。

【例 4.25】任意输入 3 个整数，求它们的最小公倍数。

程序如下：

```
#include <stdio.h>
int main（）
{
    int a, b, c;
    int n=0, i, j, k;
    printf（"Please input three numbers: "）;
    scanf（"%d%d%d", &a, &b, &c）;
    do
    {
        n++;
        i=n%a;
```

```
        j=n%b;
        k=n%c;
    }while（i!=0 || j!=0 || k!=0）;
    printf（"The Lease Common Multiple is %d\n", n）;
    return 0;
}
```

【例 4.26】将例 4.19 的猜数游戏改为：先由计算机"想"一个 1～100 之间的数请玩家猜，如果玩家猜对了，则结束游戏；否则计算机给出提示，告诉玩家所猜的数是太大还是太小，玩家根据计算机反馈的信息重复猜数，直到玩家猜对为止。计算机记录玩家猜的次数，以此来反映玩家猜数的水平。

分析：本题的算法只需在例 4.19 程序的基础上增加循环即可，算法流程图如图 4-33 所示。

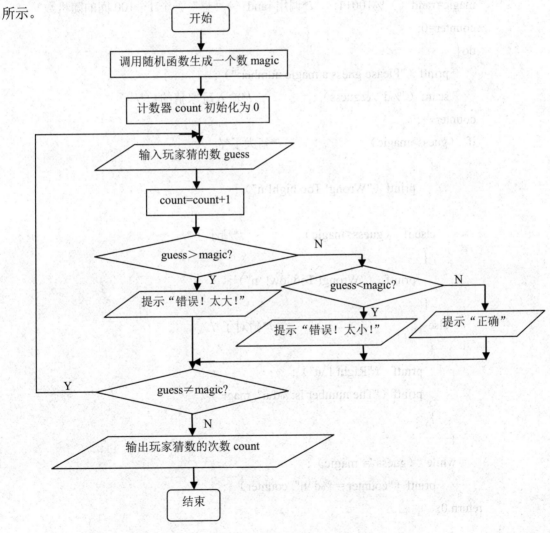

图 4-33　例 4.26 算法流程图

参考程序如下：

```
#include <stdlib.h>
#include <time.h>    /*将函数 time（）所需要的头文件"time.h"包含到程序中*/
#include <stdio.h>
int main（）
{
    int magic;               /*计算机"想"的数*/
    int guess;        /*玩家猜的数*/
    int counter=0;                /*记录玩家猜数次数的计数器变量*/
    srand（time（NULL））;    /*为函数 rand（）设置随机数种子*/
    magic=rand（）%100+1;     /*调用 rand（）"想"一个 1～100 间的随机数*/
    counter=0;
    do{
        printf（"Please guess a magic number:"）;
        scanf（"%d",&guess）;            /*输入玩家猜的数*/
    counter++;
    if （guess>magic）              /*猜大了*/
        {
            printf（"Wrong! Too high!\n"）;
        }
        else if （guess<magic）          /*猜小了*/
        {
            printf （"Wrong! Too low! \n"）;
        }
        else                        /*猜对了*/
        {
            printf （"Right ! \n"）;
            printf（"The number is:%d\n",magic）;
        }
    }
    while （guess != magic）;
        printf（"counter = %d \n",counter）  ;
    return 0;
}
```

运行结果如图 4-34 所示（因运行次数较多，仅给出最后部分测试图）。

图 4-34　例 4.26 运行结果

说明：函数 rand（）生成的随机数其实只是一个伪随机数，可通过调用标准库函数 srand（）初始化随机数函数 rand（）。"srand（time （NULL））"表示以计算机当前系统时间作为随机数发生器的种子，这样随机数函数 rand（）每次执行时都会产生不同的随机数。使用函数 time（）时，需用 include 包含头文件"time.h"。

4.4.4　for 语句

for 语句用于实现当型循环，它是 C 语言中最有特色的循环语句，使用最为灵活方便。for 语句与 while 语句的区别在于，for 语句不仅可用于循环次数已经确定的情况，也可用于循环次数不确定而只给出循环结束条件的情况，通过判定循环条件来控制循环。因此，它完全可以替代 while 语句。

for 语句的一般格式为：

for（表达式 1；表达式 2；表达式 3）

循环体语句

其中：表达式 1 通常用来给循环变量赋初值，一般是赋值表达式。也允许在 for 语句外给循环变量赋初值，此时可以省略该表达式。表达式 2 通常是循环条件，一般为关系表达式或逻辑表达式。表达式 3 通常用来修改循环控制变量的值（增量或减量运算），一般是赋值语句，它使得在有限次循环后，可以正常结束循环。

其执行流程图如图 4-35 所示。

具体描述如下。

（1）先计算表达式 1 的值。

（2）再计算表达式 2 的值，若其值为假（0），则结束循环，转向第（5）步；若其值为真（非 0），则执行循环体语句，然后转向第（3）步。

（3）计算表达式 3 的值。

（4）转回第（2）步继续执行。

（5）循环结束，执行 for 语句后面的语句。

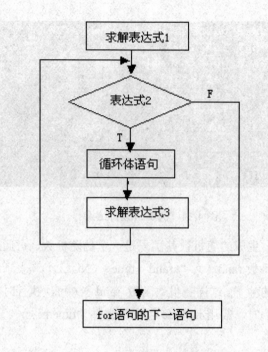

图 4-35　for 循环执行流程图

在整个 for 循环过程中，表达式 1 只计算一次，表达式 2 和表达式 3 则可能计算多次。循环体可能多次执行，也可能一次都不执行。

for 语句完全可以用 while 代替，但 for 语句直观、简单、方便。

for 语句可以 while 语句相互转换，如图 4-36 所示。

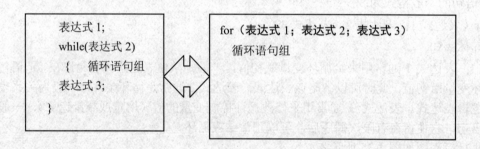

图 4-36　for 语句与 while 语句转换关系图

【例 4.27】用 for 语句写程序计算 sum=1+2+3+…+100 累加和。

分析：此题可用循环语句来编写程序，循环控制变量 i 从 1 增加到 100。设 sum 的初值为 0，则循环体为：

```
sum=sum+i;          /*i=1，2，…,100*/
```

参考程序如下：

```
#include <stdio.h>
int main（）
{
    int sum=0,i;
```

```
    for（i=1; i<=100; i++)
    sum=sum+i;          /*循环体语句*/
    printf（"sum＝%d\n", sum）;
    return 0;
}
```

运行后输出结果与图 4-30 所示一样。

上面程序中，for 语句的执行过程如下。

①计算算表达式 1 "i＝l;"，得到循环控制变量的初值。

②求解表达式 2，若表达式 2 的值为零（当 x＞100），则结束 for 循环。

③执行循环体语句 "sum＝sum +i;"。

④求解表达式 3 "i++;"，然后转向步骤②。

在使用 for 语句时，要注意以下几点：

（1）for 语句形式非常灵活，有多种变形，其语句中的各表达式可以省掉其中的一个、两个或全部，但用于间隔三个表达式的分号间隔符一个也不能省略。

例如：for（；表达式 2；表达式 3） /*省去了表达式 1*/

for（表达式 1；；表达式 3）   /*省去了表达式 2*/

for（表达式 1；表达式 2；）   /*省去了表达式 3*/

for（；；）   /*省去了全部表达式*/

①省略表达式 1。此时应在 for 语句之前给循环变量赋初值。如：

```
int main（）
    { int n=1,s=0;        /*说明 n,s 为整型变量并分别赋初值*/
    for（;n<=100;n++）
    s=s+n;
    printf（"s=%d\n",s）;
return 0;
    }
```

执行时，跳过求解表达式 1 这一步，其他不变。

②省略表达式 2，即不判断循环条件，则认为表达式 2 始终为真，故是一个死循环。为了保证程序能够正常退出，此时应在循环体语句部分加上使循环退出的语句。如：

```
for（i=1;i++）
{sum=sum+i;
 if（i>100）  break;  /*如果 i>100，执行 break 语句，强行退出循环*/
}
```

③省略表达式 3，此时也应设法保证循环能正常结束。一般可将表达式 3 作为循环体的一部分。如：

```
for（i=1;i<=100;）
{sum=sum+I;
i++;}
```

④省略表达式 1 和表达式 3。即为上述第①和③种情况的综合，此时完全等同于 while 语句。如：

i=1;

```
for（;i<=100;）
{sum=sum+I;
i++;}
```

等效于：

```
i=1;
while（i<=100）
{sum= sum+I;
 i++;}
```

⑤省略全部表达式，程序将成为死循环。例如：

```
int main（）
   { int n=1,s=0;
for（;;）              /*等效于"while（ 1）*"/
      { s=s+n; n++;}
        printf（"s=%d\n",s）;
   return 0;
     }
```

因此，应在循环体语句中增加能够结束循环的语句。可将以上程序修改如下：

```
int main（）
   { int n=1,s=0;
    for（;;）
      { s=s+n; n++;
        if （n>=100） break; }
        printf（"s=%d\n",s）;
    return 0;
      }
```

⑥表达式1可以是设置循环变量初值的赋值表达式，也可以是与循环变量无关的其他表达式。因为在整个循环的执行过程中，表达式1只执行一次。如：

```
i=1;
for（sum=0;i<=100;i++) sum+=I;
```

（2）for语句中的三个表达式都可以是逗号表达式，即每个表达式都可由多个表达式组成。例如：

```
for（sum=0,i=1;i<=100;i++，sum+=i）;
```

注意：这个语句末尾的分号表示循环体为空语句，不可省略。

（3）如果我们要让一个循环执行 m−n 次（其中 m>n），一般有以下两种形式：

```
for（i=n;i<m;i++）
```

或

```
for（i=m;i>n;i−－）
```

例如，让循环执行3次的写法有：

for（i=0;i<3；i++）

或

for（i=3;i>0;i－－）

（4）表达式 2 一般是关系表达式或逻辑表达式，但也可以是数值表达式或字符表达式，只要其值为非 0，就认为值为真，执行循环体。例如：

for（i=0;（c=getchar（））！ ='\n';i++）循环体语句；

在表达式 2 中先从终端接收一个字符赋给变量 c，然后判断该字符是否为 "\n'"（换行符），如果不为 "\n'"，就执行循环体语句。

从上面的分析可知 C 语言的 for 语句形式变化多样，但这些变化形式往往会使 for 语句显得杂乱，可读性降低，建议编程时尽量用 for 语句的基本形式。

4.4.5　辅助控制语句：break、continue 语句

前面介绍的循环，只能在循环条件不成立的情况下才能退出循环。可是有时人们希望从循环中直接退出来或重新开始下一次循环。要想实现这样的功能就要用到下面的语句。

1. break 语句

break 语句的形式为：

break;

break 语句是限定转向语句，它使流程跳出所在的结构，把流程转向所在结构之后。我们已经在 switch 语句中使用过 break 语句，使流程跳出 switch 结构，继续执行 switch 结构后面的一个语句。事实上，break 语句是一种具有特殊功能的无条件转移语句，它也可以用于循环体内。break 语句在循环结构中的作用是相同的——跳出所在的循环结构，强迫循环提前终止，转向执行该循环结构后面的语句。

说明：

（1）通常 break 语句总是与 if 语句联在一起，即满足某条件时便跳出循环。

（2）break 语句只能跳出它所在的那一层循环，即在多层循环中，break 语句只向外跳一层，而不能一下跳出最外层。

【例 4.28】break 语句应用示例：计算 s=1+2+3+…+100。

程序如下：

```
#include <stdio.h>
int main（）
{    int s=0, i=1;
     for   （ ； ； ）                  /*for 的特殊使用形式，条件恒真*/
     {
        s=s+i;
        i++;
        if（i>100）  break;     /*如果 i>100,则退出循环*/
     }
```

```
        printf（"累计和 s=%d\n",s）；
        return 0;
}
```

运行结果如图 4-37 所示。

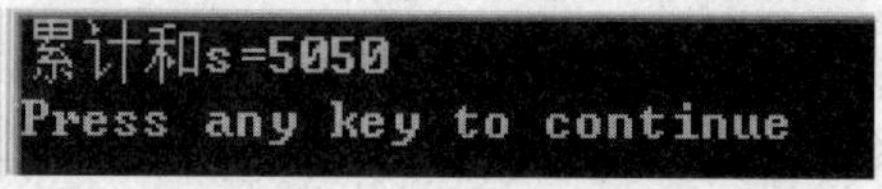

图 4-37   例 4.28 运行结果

在本程序执行中，当 i＞100 时，强行终止 for 循环，继续执行 for 语句的下一条语句 printf（"累计和 s=%d\n"，s）；

需要说明的是在一个 switch（）语句中使用 break，只会影响 switch，而不会影响它所在的循环。

另外，一个 break 只能跳出最内层的循环。例如：

```
for（i=0;i<100;i++）    /*外循环*/
{
    count=1;
    for（  ；  ；  ）    /*内循环*/
    {
        printf（"%d",count）；
        count++;
        if（count==10）    break;    /*此处 break 如果执行，只能跳出内循环*/
    }
}
```

这个程序段的功能是在屏幕上显示数字 1 到 10 共 100 次，每当编译程序碰到 break 语句，就回到 for 循环的外层。

2．continue 语句

continue 语句的形式为：

continue;

continue 语句被称为继续语句。continue 语句只能出现在循环语句的循环体中。该语句的功能是使本次循环提前结束，即跳过循环体中 continue 语句后面尚未执行的循环体语句，继续进行下一次循环的条件判别。

说明：

（1)continue 语句只用于 while、do-while 和 for 等循环语句中,常与 if 语句一起使用,起到加速循环的作用。

（2）continue 语句与 break 语句的区别是：continue 语句只结束本次循环，而不是终止整个循环的执行；而 break 语句则是结束整个循环过程，不再判断循环条件是否成立。

【例 4.29】continue 语句应用示例：求输入的十个整数中正数的个数及其平均值。

参考程序如下：

#include <stdio.h>

```
int main（）
{    int i,num=0,a;
     float sum=0;
     for（i=0;i<10;i++）        /*i 为循环控制变量*/
       { scanf（"%d",&a）;             /*读入整数，将其值赋给变量 a*/
         if（a<=0）    continue;     /*如果为负数则结束本次循环*/
         num++;                      /*对输入的正数计数*/
         sum+=a;                     /*求和*/
       }
     printf（"%d plus integer's sum :%6.0f\n",num,sum）; /*输出所有正整数的和*/
     printf（"Mean value:%6.2f\n",sum/num）;        /*输出所有正整数的平均值*/
     return 0;
}
```

运行结果如图 4-38 所示。

```
12 21 -1 -24 15 36 -17 18 29 31
7 plus integer's sum :    162
Mean value: 23.14
```

图 4-38　例 4.29 运行结果

4.4.6　循环嵌套

在循环体语句中又包含有另一个完整的循环结构的形式，称为循环的嵌套。嵌套在循环体内的循环体称为内循环，外面的循环体称为外循环。如果内循环中又有嵌套的循环语句，则构成多重循环。while、do-while、for 三种循环都可以互相嵌套。

表 4-4 列出了几种常用循环嵌套格式。

表 4-4　几种常用循环嵌套格式

1	while（） { while（） {　} }	2	for（;;） {for（;;） {　} }
3	do {do {　} while（）; } while（）;	4	while（） {do {} while（）; }
5	for（;;） {while（） {} }	6	do {for（;;） {} }while（）

这里列出了几种双层嵌套的格式。实际上循环可以嵌套很多层，内嵌的循环中还可以

嵌套循环，这就是多重循环。按循环层次数，分别称之为二重循环、三重循环等。处于内部的循环叫内循环，处于外部的循环叫外循环。

嵌套的循环是这样执行的：因为内循环是外循环的循环体语句，所以外循环控制变量的值每变化一次，则内循环要执行一个"轮回"，即内循环控制变量的值从"初值"变化到"终值"，也就是说内循环执行到退出为止。下面以一个二重循环说明其执行过程。

for（m=1;m<3;m++）
　for（n=1;n<4;n++）
　　s=m+n;

该程序段的执行过程如表 4-5 所示。

表 4-5 嵌套循环执行过程示例

外循环控制变量m	内循环控制变量n	语句s
m=1	n=1	s=m+n=2
	n=2	s=m+n=3
	n=3	s=m+n=4
m=2	n=1	s=m+n=3
	n=2	s=m+n=4
	n=3	s=m+n=5

4.4.7　循环结构程序设计举例

【例 4.30】利用 $\frac{\pi}{4} \approx 1 - \frac{1}{3} + \frac{1}{5} - \frac{1}{7} \cdots$，计算 π 的值，直到最后一项的绝对值小于 10^{-4} 为止，要求统计总共累加了多少项。

分析：这也是一个累加求和问题，但这里循环次数是预先未知的，而且累加项以正负交替的规律出现，如何解决这类问题呢？

在本例中，通过寻找累加项通式的方法得到累加项的构成规律为 term=sign/n，即累加项由分子和分母两部分组成。分子 sign 按+1，-1，+1，-1，…交替变化，可通过反复取其自身的相反数再重新赋值（即 sign=- sign）的方法来实现累加项符号的正负交替变化，其中 sign 初值需取为 1。分母 n 按 1，3，5，7，…变化，即每次递增 2，可通过 n=n+2 来实现，其中 n 初值取为 1。此外，还要设置一个计数器变量 count 来统计累加的项数，其中 count 初值需取为 0，在循环体中每累加一项就增值 1。

用 do-while 语句编程如下：

```
#include <math.h>
#include <stdio.h>
int main  （）
{
      double sum=0,term, sign=1;
```

```
    int       count=0,n=1;
    do{
term=sign / n;                    /*由分子 sign 除以分母 n 计算累加项*/
            sum=sum+term;         /*执行累加运算*/
            count++;              /*计数器变量 count 记录累加的项数*/
            sign=-sign;           /*改变分子*/
        n=n+2; /*改变分母*/
}

    while（fabs（term）>=1e-4         /*判断累加项是否满足循环终止条件*/
        printf（"pi=%f\ncount=%d\n", sum*4, count);
    return 0;
    }
```

运行结果如图 4-39 所示。

```
pi=3.141793
count=5001
```

图 4-39　例 4.30 运行结果

【例 4.31】找零钱问题：把一元纸币换成一分、两分和五分的硬币，有多少种换法？输出所有可能的方案。

分析：根据生活常识，这种换法有很多种，设一分、两分和五分的硬币的个数分别为 one、two、five，根据题目要求可列出如下方程：

$$one+2×two+5×five=100$$

未知数的个数多于方程个数，是一个有多解的方程，可以用穷举搜索法来处理这类问题。

依题意，one、two、five 都应该是零或正整数，且它们的取值范围如下：

five：0～20　　（假定一元都用五分去换，需要 20 枚）

wo：　0～50　　（假定一元都用两分去换，需要 50 枚）

one：0～100　　（假定一元都用一分去换，需要 100 枚）

根据以上条件，列出 one、two、five 的所有可能取值，找到满足方程的解。因为有多组解，为了表示不同解和统计的方便，用变量 i 表示解的序号。

```
#include <stdio.h>
int main（）
{
    int one,two,five,i=0;        /*i 为有效解个数统计*/
    for（five=0;five<=20; five++）
      { for（two= 0;two<= 50;two++）
        { one=100-five*5-two*2;
          if（one>=0）
        {  i++;
            printf（"NO.%d   五分:%d   两分:%d   一分:%d\n",i,five,two,one）;
        }
```

```
        else
            break;                          /*one<0 时跳出 two 循环*/
        }
    }
    printf（"共有%d 种换法\n",i）;
    return 0;
}
```

运行结果如图 4-40 所示（由于结果太多，这里只截取最后部分的结果）。

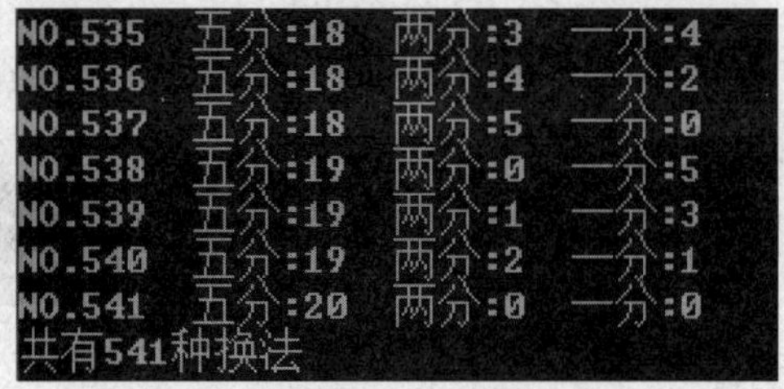

```
NO.535   五分 :18   两分 :3   一分 :4
NO.536   五分 :18   两分 :4   一分 :2
NO.537   五分 :18   两分 :5   一分 :0
NO.538   五分 :19   两分 :0   一分 :5
NO.539   五分 :19   两分 :1   一分 :3
NO.540   五分 :19   两分 :2   一分 :1
NO.541   五分 :20   两分 :0   一分 :0
共有541种换法
```

图 4-40   例 4.31 运行结果

【例 4.32】打印九九乘法表。

分析：一般二维表格可以用双重循环处理输出。这里需要设两个循环变量 i 和 j 分别用来控制行和列的输出。

参考程序如下：

```
#include <stdio.h>
int main（）
{ int i,j;
  printf（"--------------九九乘法表-------------\n"）;
  for（i=1;i<10;i++）
  {
  for（j=1;j<=i;j++）
      printf（" %d*%d=%2d ",i,j,i*j）;
  putchar（'\n'）;
  }
}
```

运行结果如图 4-41 所示。

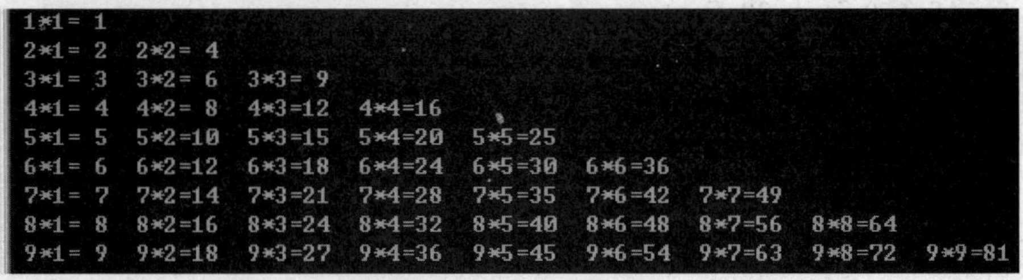

```
1*1= 1
2*1= 2   2*2= 4
3*1= 3   3*2= 6   3*3= 9
4*1= 4   4*2= 8   4*3=12   4*4=16
5*1= 5   5*2=10   5*3=15   5*4=20   5*5=25
6*1= 6   6*2=12   6*3=18   6*4=24   6*5=30   6*6=36
7*1= 7   7*2=14   7*3=21   7*4=28   7*5=35   7*6=42   7*7=49
8*1= 8   8*2=16   8*3=24   8*4=32   8*5=40   8*6=48   8*7=56   8*8=64
9*1= 9   9*2=18   9*3=27   9*4=36   9*5=45   9*6=54   9*7=63   9*8=72   9*9=81
```

图 4-41   例 4.32 运行结果

第5章 数 组

本章知识点

➤ 一维、二维数组的定义、引用方法、存储结构和初始化方法
➤ 数组的运算
➤ 数组的相关算法
➤ 字符串处理函数

重点与难点

➲ 一维、二维数组的引用方法、存储结构和初始化方法
➲ 数组的运算和常用算法
➲ 对数组名特殊含义的理解
➲ 常用的排序算法

5.1 一维数组

程序设计语言为了处理类似的批量数据，提供了一种组织数据的机制——数组。每个数组都有一个名字，称为数组名。数组中的每个元素都有一个唯一的编号，称为"下标"。下标从 0 开始顺序增加，即第一个元素下标为 0，第二个元素下标为 1，第三个元素下标为 2……访问数组的一个元素时使用该元素在数组中的下标。

一维数组是最简单的数组，指数组中元素只带有一个下标的数组。一维数组可以看作一个数列或者一个向量，其中的元素用一个统一的数组名来标识，用一个下标来指示其在数组中的位置。对一维数组中的元素进行处理时，常常需要通过一重循环来实现。

5.1.1 一维数组的定义

在 C 语言中使用数组必须先进行定义，以便告诉计算机，该数组由哪些数据组成，数组中有多少元素，属于哪个数据类型。

一维数组的定义方式为：

类型说明符 数组名[常量表达式]；

其中，类型说明符是任一种基本数据类型或构造数据类型；数组名是用户定义的数

组标识符；方括号中的常量表达式表示数据元素的个数，也称为数组的长度。

例如：

int a[5];

声明整型数组 a，该数组由 5 个数组元素构成，其中每一个数组元素都属于整型数据类型。数组 a 的各个数据元素依次是 a[0]，a[1]，…a[4]。

float b[8],c[10];

声明实型数组 b，有 8 个元素 b[0]，b[1]，…b[7]；与声明实型数组 c，有 10 个元素 c[0]，c[1]，…c[9]。

char ch[30];

声明字符数组 ch，有 30 个字符元素 ch[0]，ch[1]，…ch[29]。

关于数组类型有以下几点需要说明。

（1）数组名的书写规则应符合标识符命名规则。

（2）数组的类型实际上是指数组元素的取值类型。对于同一个数组，其所有元素的数据类型都是相同的。

（3）数组名不能与其他变量名相同。

（4）方括号中常量表达式表示数组元素的个数，如 a[6]表示数组 a 有 6 个元素。但是其下标从 0 开始计算。因此 6 个元素分别为 a[0],a[1],a[2],a[3],a[4] ,a[5]。

（5）不能在方括号中用变量来表示数组元素的个数，但是可以是符号常数或常量表达式。

例如：

#define LEN　　5

main（）

　{

　　　int k[3+2],t[7+LEN];

　　　…

　}

这是合法的。

但是下述说明方式是错误的。

main（）

　{

　　int len=5;

　　int t[len];

　　…

　}

（6）允许在同一个类型说明中，说明多个数组和多个变量。

例如：

int a,b,c,d,k1[10],k2[20];

（7）C 语言还规定，数组名是数组的首地址。即 a=&a[0]。

5.1.2　一维数组的初始化

通常对数组元素的赋值可采用两种方法：一种是先定义数组，再用赋值语句或输入语句给数组中的元素赋值，另一种是在定义数组的同时为数组元素设置初始值。

数组初始化赋值是指在数组定义时给数组元素赋初值。数组初始化是在编译阶段进行的，这样将减少运行时间，提高效率。初始化赋值的一般形式为：

类型说明符　数组名[常量表达式]={值，值，…值}；

其中，在{ }中的各数据值即为各元素的初值，各值之间用逗号间隔。

例如：

　　　　int a[10]={ 0,1,2,3,4,5,6,7,8,9 }；

相当于 a[0]=0;a[1]=1；…；a[9]=9；

C 语言对数组的初始化赋值还有以下几点规定。

（1）可以只给部分元素赋初值。

当{ }中值的个数少于元素个数时，只给前面部分元素赋值，剩下的元素自动赋值为0。例如：

int a[5]＝{7，6}；

表明只给前 2 个元素赋初值，即 a[0]＝7，a[l]＝6，其他元素自动赋 0 值。所以，如果想给一个数组中的所有元素赋初值 0，可写成：

int a[5]={0}；

（2）只能给元素逐个赋值，不能给数组整体赋值。

例如，给十个元素全部赋 1 值，只能写为：

int a[10]={1,1,1,1,1,1,1,1,1,1}；

而不能写为：

int a[10]=1；

也不能写成：

int a[10]={1*10}；

（3）为数组元素指定值的写法只能用在初始化时，语句中不能采用。

例如：

int d[10]={0,1,2,3,4,5,6,7,8,9}；

不能写为：

int d[10]；

d={0,1,2,3,4,5,6,7,8,9}；

（4）对全部元素赋初值时，可以不指定数组长度，C 编译系统自动根据初值个数来决定数组长度。

例如：

int a[]={1,2,3,4,5}；　　　　/*系统自动确定数组长度是 5*/

所以它等价如下声明：

int a[5]={1,2,3,4,5};

（5）整形数组在未赋值时，其数组元素的值是不确定的。

例如，如果不进行初始化，定义 int a[5]，那么数组 a 中各个元素的值是随机的，而不是默认值 0。

5.1.3 数组元素的引用

必须先定义数组，才能引用数组中的元素。数组元素是组成数组的基本单元，也是一种变量，其标识方法是数组名后跟一个下标，此下标表示元素在数组中的顺序号。对数组的引用最终都是通过对其元素的引用而实现的，并且在引用时，只能逐个引用数组元素而不能一次引用整个数组中的全部元素。引用数组中的任意一个元素的形式为：

数组名[下标表达式]

数组元素通常也称为下标变量，必须先定义数组，才能使用下标变量。也就是说，具体的数组元素使用规则等同于相同类型的普通变量，可以读取其值参与表达式运算以及其他运算、对其赋值。

例如：

```
int d,a[10]={25,36,11,28};      /*先声明数组*/
d=a[3]+88;                      /*数组元素参与表达式运算*/
a[8]=d-55;                      /*数组元素赋值*/
a[3]=（d!=a[3]）+a[7]-d;        /*其他混合运算*/
```

在程序中引用数组元素时，需要注意以下几点。

（1）下标表达式可以是整型常量或整型表达式，也可以使用变量，表达式的值一般为任何非负整型数据，取值范围是 0~（元素个数－1）。

（2）特别强调：引用数组元素时，下标不能越界。在运行 C 程序的过程中，系统并不自动检验数组元素的下标是否越界。因此在编写程序时，保证数组下标不越界是十分重要的。

（3）一个数组元素，实质上就是一个变量，它具有和相同类型单个变量一样的属性，可以对它进行赋值和让它参与各种运算。

在 C 语言中，数组作为一个整体，不能参加数据运算，只能对单个的元素进行处理。

例如，输出有 10 个元素的数组必须使用循环语句逐个输出各下标变量：

for（i=0; i<10; i++）

printf（"%d",a[i]）;

而不能用一个语句输出整个数组。下面的写法是错误的：

printf（"%d",a）;

【例 5.1】用数组求解并且打印输出斐波那契数列（Fibonacci sequence）前 20 个数。

分析：这是一个有趣的古典数学问题：有一对兔子，从出生后第 3 个月起每个月都生一对兔子。小兔子长到第 3 个月后每个月又生一对兔子。假设所有兔子都不死，问每个月的兔子总数为多少？这个数学问题也就是著名的斐波那契数列，又称为黄金分割数列。在数学上，斐波那契数列是以递归的方法来定义：

$F_0=0$

$F_1=1$

$F_n=F_{n-1}+F_{n-2}$

用文字来说，就是斐波那契数列由 0 和 1 开始，之后的斐波那契数就由之前的两数相加。前几个斐波那契数是：

0, 1, 1, 2, 3, 5, 8, 13, 21, 34, 55, 89, 144, 233, 377, 610, 987, 1597, 2584, 4181, 6765, 10946, …

参考程序如下：

```
#include <stdio.h>
int main（）
{    int    i;
     int f[20]={1,1};           /*部分初始化*/
for（i=2;i<20;i++)              /*通过循环求解*/
        f[i]=f[i-2]+f[i-1];    /*公式*/
     for（i=0;i<20;i++)
     {    if（i%5==0)    printf（"\n"）;    /*控制每输出 5 个数据换一次行*/
          printf（"%8d",f[i]）;              /*控制格式化输出元素*/
     }
     putchar（'\n'）;
     return 0;
}
```

运行结果如图 5-1 所示。

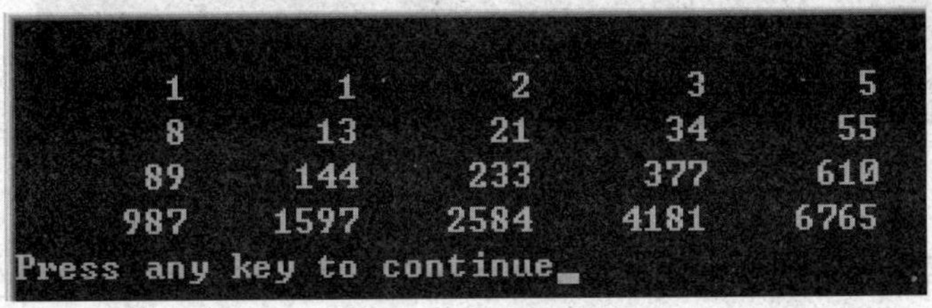

图 5-1　例 5.1 运行结果

【例 5.2】从键盘上输入 5 个数，输出最大、最小元素的值以及它们的下标。

分析：本例中显然用循环和数组处理起来比较方便，可虑将 5 个数存放到数组 a[5]中，max 存放最大元素值，j 存放最大元素下标，min 存放最小元素值，k 存放最小元素下标。

可以用 for 循环语句将 max 和 min 与所有元素一一比较，比 max 值大的元素值赋给 max，比 min 小的元素值赋给 min，同时用变量 j，k 分别记录最大、最小元素的下标。

参考程序如下：

```
#define N 5     /*定义常量 N，表示数组长度*/
#include <stdio.h>
int main（）
{
```

```
        int i, j, k, max, min;
        int a[5];
        printf（"输入 N 个整数\n"）;
        for（i=0; i<5; i++）
            scanf（"%d", &a[i]）;
        max=min=a[0];          /*假定第一个元素既是最大的，也是最小的*/
        j=k=0;                 /*对分别记录最大、最小元素下标的变量 j 和 k 初始化*/
        for（i=1;i<5;i++）
        {
            if（max<a[i]）
            { max=a[i];    /*把当前最大值赋给 max */
                j=i;       /*把当前最大值下标赋给 j*/
            }
            else if（min>a[i]）
            {   min=a[i];        /*把当前最小值送 min */
                k=i;             /*把当前最小值下标送 k*/
            }
        }
        printf（"max: a[%d]=%d, min: a[%d]=%d", j,max,k,min）;
        return 0;
}
```

运行结果如图 5-2 所示。

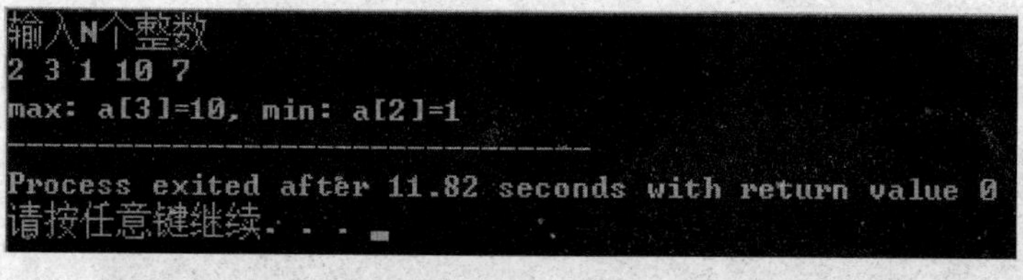

图 5-2　例 5.2 运行结果

在本例中，先定义数组 a，再通过循环语句和输入函数对 a 中元素逐个读入用户数据。为了使得输出显示友好，打印格式字符串中第一个"%d"用输出项第一项变量 j 的值替换，后面三个"%d"分别用 max、k、min 的值替换，其余字符原样输出。

5.1.4　一维数组的应用举例

【例 5.3】某个公司采用公用电话传递数据，数据是四位的整数，在传递过程中是加密的，加密规则如下：每位数字都加上 5，然后用和除以 10 的余数代替该数字，再将第一位和第四位交换，第二位和第三位交换。

分析：本例可用循环和数组处理，将数组中存放的数字都加上 5 并求和，再用和除以 10 的余数代替该数字存放在数组中，然后用循环以中间的元素为中心，将其两侧对称的元素的值互换。

参考程序如下：

```c
#include <stdio.h>
int main（）
{
    int a,i,aa[4],t;
    printf（"Please input a:\n"）;        /*输入一个四位数*/
    scanf（"%d",&a）;
    aa[0]=a%10;
    aa[1]=a%100/10;
    aa[2]=a%1000/100;
    aa[3]=a/1000;                        /*依次将四位数的每位数存入数组中*/
    for（i=0;i<=3;i++）
    {
        aa[i]+=5;
        aa[i]%=10;
    }
    for（i=0;i<=3/2;i++）
    {
        t=aa[i];
        aa[i]=aa[3-i];
        aa[3-i]=t;                       /*利用循环进行交换*/
    }
    for（i=3;i>=0;i--）
    printf（"%d",aa[i]）;
    return 0;
}
```

运行结果如图 5-3 所示。

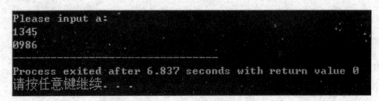

图 5-3　5.3 运行结果

【例 5.4】为了详细地比较学生对程序设计课程的掌握程度，需要对该课程成绩进行排序。编写程序，输入一个班 50 名学生的程序设计课程成绩，然后按成绩由低到高的顺序输出该课程成绩。

排序是计算机程序设计中一类重要的问题，常用的经典排序算法有冒泡法、选择法、插入法、归并法等。本题采用冒泡算法完成。

分析：冒泡算法思想如下（设对 n 个数排序，n 个数存放在 a 数组中）。

（1）一趟排序：从第一个数（设为 j）开始依次对相邻的两个数进行比较，如果是逆序（即 a[j]>a[j+1]）就交换。经过第一趟（共 n−1 次比较与交换）后，最大的数已排在最后（"沉底"），然后对余下的前面 n−1 个数进行第二趟比较。

（2）第二趟排序仍然从第一个数开始，依次对相邻的两个数进行比较，如果是逆序就交换。第二趟排序需要进行 n−2 次比较与交换，经过第二趟排序后次大的数被排在倒数第二个位置。

（3）如此重复以上过程，如果有 n 个数，则要进行 n−1 趟（做外循环）比较，在第 1 趟比较中要进行 n−1 次两两比较，在第 j 趟比较中要进行 n−j 次两两比较（做内循环）。

（4）经过两重循环即完成了冒泡排序。

冒泡算法的 N-S 图如图 5-4 所示。

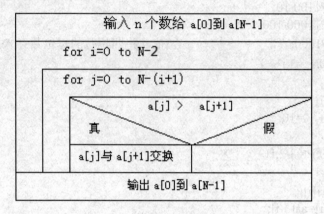

图 5-4　冒泡法的 N-S 图

参考程序如下：

```c
#define N 50
#include <stdio.h>
int main（）
{
    int a[N],i,j,t;
    printf（"Please input 50 numbers:\n"）;
    for（i=0; i<N; i++）       /*输入 50 个学生成绩*/
        scanf（"%d",&a[i]）;

    for（i=0; i<N-1; i++）     /*冒泡排序*/
        for（j=0;j<N-（i+1）;j++）
            if（a[j]>a[j+1]）
            {
                t=a[j];a[j]=a[j+1];a[j+1]=t;     /*交换*/
            }
    printf（"numbers in rise order:\n"）;
    for（i=0; i<N; i++）          /*输出排序后的成绩*/
```

```
    printf（"%4d",a[i]）;
    return 0;
}
```

运行结果如图 5-5 所示。

排序是程序设计中常用的一种算法,对于例 5.5,除了冒泡法外,还可以用其他方法如选择法进行排序,其算法思想为:如果要对 n 个数据按由小到大的顺序进行排序,则首先找出最小的数与第一个数交换,然后在剩余的 n−1 个数中找出最小的数与第二个数交换……,如此重复,每比较一轮(即一趟排序,做内循环),找出一个未排序的数中最小的数,共进行 n−1 趟排序(做外循环),经过两重循环完成选择排序。

```
Please input 50 numbers:
40 41 42 43 44 45 46 47 48 49
59 58 57 56 55 54 53 52 51 50
60 61 62 63 64 65 66 67 68 69
79 78 77 76 75 74 73 72 71 70
80 82 87 81 99 93 90 86 89 83
numbers in rise order:
 40  41  42  43  44  45  46  47  48  49  50  51  52  53  54  55  56  57
 60  61  62  63  64  65  66  67  68  69  70  71  72  73  74  75  76  77
 80  81  82  83  86  87  89  90  93  99
```

图 5-5　例 5.4 运行结果

5.2　二 维 数 组

5.2.1　二维数组的定义

和一维数组类似,二维数组的定义也要指出数组的数据类型、数组名及其可用元素的个数等。在 C 语言中二维数组的定义语句形式如下:

类型说明符数组名[整型常量表达式 1] [整型常量表达式 2];

其中,常量表达式 1 表示第一维下标的长度,常量表达式 2 表示第二维下标的长度。

例如:

float b[3][3];

定义了一个二维数组 b,该数组由 9 个元素构成,其中每一个数组元素都属于实型数据。数组 b 的各个数据元素依次是:b[0][0],b[0][1],b[0][2],b[1][0],b[1][1],b[1][2],b[2][0],b[2][1],b[2][2]。它们在内存中的排列顺序如图 5-6(a)所示,对应关系如图 5-6(b)所示。

b[0][0]
b[0][1]
b[0][2]
b[1][0]
b[1][1]
b[1][2]
b[2][0]
b[2][1]
b[2][2]

（a）排列顺序

	第 0 列	第 1 列	第 2 列
第 0 行	b[0][0]	b[0][1]	b[0][2]
第 1 行	b[1][0]	b[1][1]	b[1][2]
第 2 行	b[2][0]	b[2][1]	b[2][2]

（b）对应关系

图 5-6　二维数组各元素排列顺序和对应关系

可以把二维数组看作一种特殊的一维数组，它的元素是一维数组，数组 b 也可以看作一个矩阵，如图 5-6（b）所示，每个元素有两个下标，第一个方括号中的下标代表行号，称行下标，第二个方括号中的下标代表列号，称列下标，其中每个数据元素都可以作为单个变量使用。

【例 5.5】给一个 2×3 的 2 维数组各元素赋值，并输出全部元素的值。

参考程序如下：

```
/*功能：从键盘上给 2×3 数组赋值，并在屏幕上显示出来。*/
#define Row 2
#define Col 3
#include "stdio.h"
int main（）
{    int i, j, array[Row][Col];        /*定义 1 个二行三列的 2 维数组 array*/
     for（i=0; i<Row; i++）            /*外循环：控制 2 维数组的行*/
       for（j=0; j<Col; j++）          /*内循环：控制 2 维数组的列*/
         {
           printf（"please input array[%2d][%2d]:",i,j）；
           scanf（"%d",&array[i][j]）；          /*从键盘输入 a[i][j]的值*/
         }
      putchar（'\n'）；
        /*输出 2 维数组 array*/
      for（i=0;i<Row;i++）
      {
          for（j=0;j<Col;j++）
              printf（"%d\t",array[i][j]）；      /*将 a[i][j]的值显示在屏幕上*/
            printf（"\n"）；
      }
      return 0;
}
```

运行结果如图 5-7 所示。

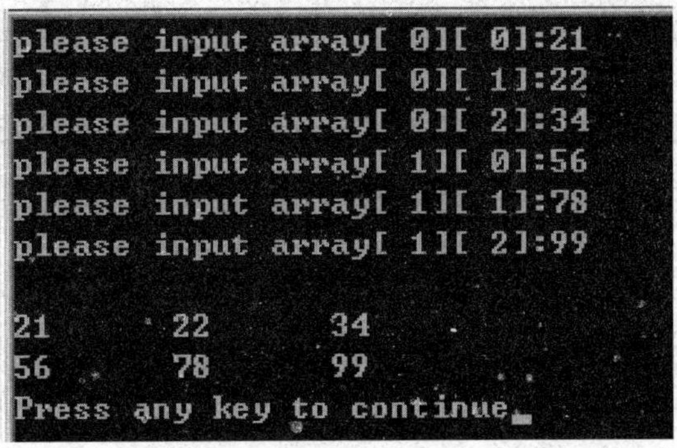

图 5-7 例 5.5 运行结果

关于二维数组的几点说明如下。

（1）二维数组中的每个数组元素都有两个下标，且必须分别放在单独的"[]"内。

（2）二维数组定义中的第 1 个下标表示该数组具有的行数，第 2 个下标表示该数组具有的列数，两个下标之积是该数组元素的总个数。

（3）二维数组中的每个数组元素的数据类型均相同。二维数组中各个元素的存放规律是"按行排列"。

（4）二维数组可以看作数组元素为一维数组的数组。例如：例 5.5 中的数组 array [2][3]，可以看作是由三个一维数组 array [0]、array [1]、array [2]组成的。

5.2.2 二维数组的初始化

对二维数组的初始化操作，可以用以下几种方法实现。

（1）分行给二维数组所有元素赋初值。

例如：

int a[2][3]={{1,2,3},{7,8,9}};

这种赋值方法是对数组中的元素按行逐个赋值，各行各列元素一目了然，清晰、直观，便于查错，对初学者建议使用这种方法。

（2）不分行给二维数组所有元素赋初值。

例如：

int a[2][3]={1,2,3,7,8,9};

用这种方法给二维数组赋初值时，如果数据过多，容易产生遗漏，而且一旦出错也不易检查。

（3）给二维数组所有元素赋初值，二维数组第一维的长度可以省略，但第二维的长度不能省略。

例如：

int a[][3]={1,2,3,7,8,9};

或：

int a[][3]={{1,2,3},{7,8,9}};

编译程序会根据数组元素的总个数分配存储空间，计算出行数。对于本例，已知数组元素的总个数为 6，列数为 3，所以很容易确定行数为 2。

（4）对部分元素赋初值。

当某行花括号中的初值个数少于该行中元素的个数时，系统将自动默认该行后面的元素值为 0。也就是说对数组元素赋值时，应该是依次逐个赋值，而不能跳过某个元素给下一个元素赋值。

例如：

int a[2][3]={{1,2},{5}};

相当于：

int a[2][3]={{1,2,0},{5,0,0}}

5.2.3　二维数组元素的引用

定义了二维数组后，就可以引用该数组中的所有元素。需要特别指出的是，在引用数组时，要分清是对整个数组的操作还是对数组中某个元素的操作。

C 语言中对二维数组的引用形式如下：

数组名[下标 1][下标 2]

其中，下标可以是整型常量或整型表达式。

例如，有以下定义语句：

int　b[3][3],i,j;

则以下对数组元素的引用形式都是合法的：

b[0][0]：引用数组中的第一个元素。

b[1][1+1]：引用数组中的第二行第三个元素。

b[i][j]：引用数组中第 i+1 行第 j+1 个元素，其中 i 和 j 应同时满足大于或等于 0 且小于 2 的整数。

对二维数组的引用，还应注意以下几点。

（1）引用二维数组元素时，下标 1 和下标 2 一定要分别放在两个方括号内，例如对 b 数组的引用不能写成 b[0,0]、b[1,1+1]或 b[i,j]，这些都是不合法的。

（2）在对数组元素的引用中，每个下标的值必须是整数且不得超越数组定义中的上、下界。常出现的错误是：

float　a[3][4];

…

a[3][4]=5.25;

这里定义 a 为三行四列的数组，它可用的行下标最大值为 2，列下标最大值为 3，引用该数组第三行第四列的元素数时写成 a[3][4]显然是错误的，超越了数组下标值的范围，正确的写法应该是：

a[2][3]=5.25;

（3）数组元素可以赋值，可以输出，也就是说任何可以出现变量的地方都可以使用同类型的数组元素。

5.2.4　二维数组应用举例

【例 5.6】编写函数实现两个矩阵的加和乘法运算以及矩阵的转置运算。

分析：在设计问题中，通常用二维数组来定义矩阵结构，矩阵的相加即两个维数相同的二维数组的对应项相加，若要实现矩阵的乘积则需要定义出满足矩阵运算要求的合适二维数组，即一个 m×n 的矩阵只能与 n×m 的矩阵相乘，得到一个 m×m 的矩阵，对于 m×n 的矩阵，转置运算就是将该矩阵中元素的行列互换，得到一个 n×m 的矩阵。

参考程序如下：

```c
#include"stdio.h"
#define N 4
#define M 3
void add（int a[][N],int b[][N], int c[][N]）;
void transpose（int a[][N],int t[][M]）;
void    product（int a[][N],int b[][M], int r[][M]）;
int main（）
{    int i,j,x[M][N],y[M][N],z[M][N],s[N][M],t[M][M];
    for（i=0;i<M;i++）
      for（j=0;j<N;j++）
        scanf（"%d",&x[i][j]）;
    for（i=0;i<M;i++）
      for（j=0;j<N;j++）
        scanf（"%d",&y[i][j]）;
    add（x,y,z）;          /*调用矩阵相加运算函数*/
    transpose（x,s）;        /*调用矩阵转置运算函数*/
    product（x,s,t）;        /*调用矩阵相乘运算函数*/
    printf（"\n"）;
    for（i=0;i<M;i++）
    {    for（j=0;j<N;j++）
        printf（"%d ",z[i][j]）;
      printf（"\n"）;
    }
    printf（"\n"）;
    for（i=0;i<N;i++）
    {
      for（j=0;j<M;j++）
        printf（"%d ",s[i][j]）;
      printf（"\n"）;
    }
    printf（"\n"）;
    for（i=0;i<M;i++）
    {
      for（j=0;j<M;j++）
        printf（"%d ",t[i][j]）;
      printf（"\n"）;
```

```
        }
        return 0;
}
/*矩阵的相加运算函数*/
void add（int a[M][N],int b[M][N], int c[M][N]）
{    int i,j;
        for（i = 0; i < M; i ++）
            for（j = 0; j < N; j++）
                c[i][j] = a[i][j] + b[i][j];
}
/*矩阵转置运算函数*/
void transpose（int a[M][N],int t[N][M]）
{    int i,j;

    for（i = 0; i < M; i ++）
        for（j = 0; j < N; j++）
            t[j][i] = a[i][j];
}
/*矩阵相乘运算函数*/
void    product（  int a[M][N],int b[N][M], int r[M][M]）
{    int i,j;
    int k = 0;
    for（i=0;i<M;i++）
      for（j=0;j<M;j++）
        r[i][j]=0;
    for（i = 0; i < M; i ++）
        for（k = 0; k < M; k++）
            for（j = 0; j < N; j++）
                r[i][k] += a[i][j] * b[j][i];
}
```

运行结果如图 5-8 所示。

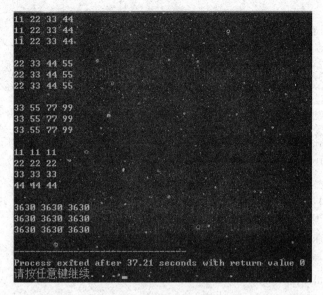

图 5-8　例 5.6 运行结果

【例 5.7】打印输出如图 5-9 所示的杨辉三角形（要求打印 10 行）。

分析：通常对于同一个问题，从不同的角度来思考会得出不同的解决方案，本例就可用多种方法来编程实现，具体分析如下。

解法一：

（1）依题意可设一个 10×10 的二维数组来存放数据。如 int a[10][10]；

（2）由杨辉三角形定义知，第一列元素和对角线上的元素为 1，即有 a[i][0]=1 和 a[i][i]=1；

（3）杨辉三角形的其他元素为它正上方和斜上方两元素的和，即为 a[i][j]=a[i-1][j-1]+a[i-1][j]；

（4）按行输出按照上述方法求得的二维数组元素的值。

此方法的 N-S 图如图 5-10 所示。

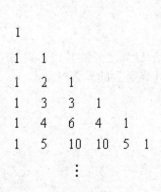

```
1
1  1
1  2  1
1  3  3  1
1  4  6  4  1
1  5  10 10 5  1
          ⋮
```

图 5-9　杨辉三角形

| for i=0 to 9 |
| a[i][0]=1;a[i][i]=1 |
| for i=2 to 9 |
| for j=1 to i-1 |
| a[i][j]=a[i-1][j-1]+a[i-1][j] |
| 输出a[i][j] |

图 5-10　解法一的 N-S 图

参考程序如下：

```
#include "stdio.h"
```

```
int main ()
{ int a[10][10],i,j;
/*下面的循环将第一列元素和对角线元素赋值为 1*/
    for (i=0;i<10;i++)
   { a[i][0]=1;
    a[i][i]=1;
      }
/*下面的循环用于求其他元素的值，为它正上方和斜上方两元素的和*/
    for (i=2;i<10;i++)
for (j=1;j<i;j++)
a[i][j]=a[i-1][j-1]+a[i-1][j];
 /*下面的循环用于按行输出求得的二维数组元素的值*/
    for (i=0;i<10;i++)
     {for (j=0;j<=i;j++)
printf ("%6d",a[i][j]);
printf ("\n");
}
 return 0;
 }
```

解法二：

分析：除了对数组 a 中各元素先求值再输出外，还可以采用逐行求解逐行输出的方法。

参考程序如下：

```
#include "stdio.h"
int main ()
{int   i,j,a[30];
a[0]=1;    /*各行第一个元素赋值为 1*/
   printf ("%6d",a[0]);
      for (i=2;i<=10;i++)
{
       a[i-1]=1;       /*各行最后一个元素赋值为 1*/
       for (j=i-2;j>0;j--)
          a[j]+=a[j-1]; /*计算每一行除第一列和最后一列之外的其他元素的值*/
       for (j=0;j<i;j++)      /*以下为逐个输出第 i 行各列的元素*/
printf ("%6d",a[j]);
          printf ("\n");
          }
   return 0;
}
```

以上两个程序运行后，均可得到如图 5-11 所示的结果。

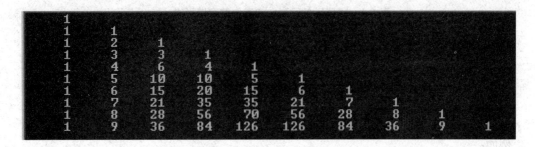

图 5-11　例 5.7 运行结果

5.3　字 符 数 组

用来存放字符型数据的数组称为字符数组，其中每个数组元素存放的值都是单个字符。字符数组分为一维字符数组和多维字符数组。一维字符数组常常用于存放一个字符串，二维字符数组常用于存放多个字符串，可以看作一维字符串数组。

5.3.1　字符数组的定义、初始化及其元素的引用

字符数组也是数组，只是数组元素的类型为字符型。所以字符数组的定义、初始化，字符数组元素的引用与一维数组相似。不同之处在于：定义时类型说明符为 char，初始化使用字符常量或相应的 ASCII 码值，赋值使用字符型的表达式，凡是可以用字符数据的地方也可以引用字符数组的元素。

1．字符数组的定义

字符数组的定义方法与字符变量、数组的定义方法相似，只是数据类型为 char。
例如：
char c1[10];
定义了有 10 个元素的字符数组 c1。
char str[5][10];
定义了有 5×10 个元素的二维字符数组 str。

2．字符数组的初始化

对字符数组的初始化，除了可使用一般数组的初始化方法外，还增加了以下一些方法。
（1）以字符常量的形式对字符数组初始化。
例如：
char str[]={'C','H','T','N','A'};
相当于：
char str[5]={ 'C','H','T','N','A'};
赋值后各元素在内存中的存储形式如表 5-1 所示。

実用 C 语言程序设计

表 5-1　赋值后各元素在内存中的存储形式

C	H	I	N	A
c[0]	c[1]	c[2]	c[3]	c[4]

说明：一般以字符常量的形式对字符数组的各个元素赋初值，系统不会自动在最后一个字符后加结束标志'\0'。如果要加结束标志，必须明确指定。

例如：

char str1[]={'C','H','I','N','A','\0'};

相当于：

char str1[6]={'C','H','I','N','A','\0'}

如果是对部分元素赋初值，对未赋值的元素由系统自动赋予空字符'\0'值，相当于有字符结束标志。例如：

char str2[10]={'C','H','I','N','A'};

赋值后各元素在内存中的存储形式如表 5-2 所示。

表 5-2　赋值后各元素在内存中的存储形式

C	H	I	N	A	\0	\0	\0	\0	\0
c[0]	c[1]	c[2]	c[3]	c[4]	c[5]	c[6]	c[7]	c[8]	c[9]

（2）以字符串的形式对字符数组初始化。

例如：

char str[]={"CHINA"};

相当于：

char str[6]="CHINA";

初始化后各元素在内存中的存储形式如表 5-3 所示。

表 5-3　初始化后各元素在内存中的存储形式

C	H	I	N	A	\0
str[0]	str[1]	str[2]	str[3]	str[4]	str[5]

说明：以字符串常量形式对字符数组初始化，系统会自动在该字符串的最后加入字符串结束标志'\0'，它的 ASCII 码为 0。

3．字符数组元素的引用

【例 5.8】字符数组引用实例。

参考程序如下：

```
#include "stdio.h"
int main（）
{
int i,j;
```

```
chara[][5]={{'b', 'a', 's', 'i', 'c'},{'d', 'b', 'a', 's', 'e'}};    /*定义二维字符数组 a 并赋初值*/
   for（i=0;i<=1;i++）
   {
for（j=0;j<=4;j++）
       printf（"%c",a[i][j]）;    /*按行按列逐个输出数组 a 的各个元素*/
printf（"\n"）;
}
   return 0;
}
```

运行结果如图 5-12 所示。

图 5-12　例 5.8 运行结果

5.3.2　字符串和字符串结束标志

　　字符串是用双引号括起来的若干有效的字符序列。C 语言中，字符串可以包含字母、数字、符号、转义符。字符数组是存放字符型数据的数组，其中的元素可以是字符串，也可以是字符序列。C 语言没有提供字符串变量，对字符串的处理常常采用字符数组来实现。因此也有人将字符数组看作字符串变量。C 语言许多字符串处理库函数既可以使用字符串，也可以使用字符数组。

　　为了便于处理字符串，C 语言规定以'\0'（ASCⅡ码为 0 的字符）作为字符串结束标志。字符串结束标志占用一个字节。对于字符串常量，C 编译系统自动在其最后字符后，增加一个结束标志；对于字符数组，如果用于处理字符串，在有些情况下，C 系统会自动在其数据后增加一个结束标志，在更多情况下结束标志要由程序员自己负责（因为字符数组不仅仅用于处理字符串）。如果不是处理字符串，字符数组中可以没有字符串结束标志。

　　系统在对一个字符串进行操作时，最根本的操作是要知道这个字符串有多长，有了这个字符串结束标志后，就可以对字符串边处理边判断是否结束，对任何一个字符串都可以将它看成由若干字符和一个字符串结束标志组成的。如"CHINA"相当于'C'、'H'、'I'、'N'、'A'、'\0'六个字符。故在定义"char str[]="CHINA";"中，数组的长度为 6 而不是 5。

　　通常只有在程序中要对字符串进行处理时，才考虑字符串结束标志的问题。当某程序要处理一个字符串时，系统先找到字符串的第一个字符，然后依次向后，遇到'\0'字符时就认为当前这个字符串结束了。要输出一个字符数组 str 中的所有字符，可用以下方法。

```
       i=0;
       while（str[i++]!='\0'）        /*通过'\0'字符判断字符串是否结束*/
       printf（"%c",str[i]）;
```

　　字符串和字符数组的区别在于：字符串是存放在字符数组中的，字符串和字符数组的长度可以不一样；字符串以'\0'作为结束标志，而字符数组并不要求它的最后一个字符一定为'\0'。

5.3.3　字符数组的输入输出

　　字符数组的输入输出有两种形式：逐个字符输入/输出或整个字符串输入/输出。

实用 C 语言程序设计

1．逐个字符输入/输出

对于字符数组，逐个字符的输入/输出与前面讲的数组元素的输入/输出处理方法类似，通常采用循环语句来实现，不同之处在于格式说明符为%c。

例如：下面的程序段可输出字符数组 str 中的字符。

```
int i;
char    str[20]= "I am a student!";
for（i=0;i<20;i++）
printf（"%c",str[i]）;
```

使用说明：

（1）格式化输入是缓冲读。在接收到"回车"时，scanf 才开始读取数据。

（2）读字符数据时，空格、回车都保存进字符数组。

（3）如果按"回车"键时，输入的字符少于 scanf 循环读取的字符，scanf 继续等待用户将剩下的字符输入；如果按"回车"键时，输入的字符多于 scanf 循环读取的字符，scanf 循环只读入前面的字符。

（4）逐个读入字符结束后，不会自动在末尾加'\0'。所以输出时，最好使用逐个字符输出。

2．整个字符串输入/输出

对于字符数组中，整串字符的输入/输出可采用%s 格式符来实现。

例如：下面的程序段可一次输出字符数组 str 中的字符

```
char str[20]= "I am a student!";
printf（"%s",str）
```

使用说明：

（1）格式化输入输出字符串，参数要求字符数组的首地址，即字符数组名。

（2）按照%格式格式化输入字符串时，输入的字符串中不能有空格（空格，Tab），否则空格后面的字符不能读入，scanf 函数认为输入的是两个字符串。如果要输入含有空格的字符串可以使用 gets 函数。

（3）按照%s 格式格式化输入字符串时，并不检查字符数组的空间是否够用。如果输入长字符串，可能导致数组越界，应当保证字符数组分配了足够的空间。

（4）按照%s 格式格式化输入字符串时，自动在最后加字符串结束标志。

（5）按照%s 格式格式化输入字符串时，可以用%c 或%s 格式逐个输出。

（6）对于不是按照%s 格式化输入的字符串，在输出时应该确保末尾有字符串结束标志。

5.3.4　常用字符串处理函数

C 语言库函数提供了大量的字符串处理函数，所以对于一般的任务，应当优先考虑是否可以采用库函数来解决问题，这样可以使程序更加简洁。

【例 5.9】编写程序计算字符串的长度。

不使用字符串处理函数的程序

```
#include "stdio.h"
int main()
{
  chars[100]="Hello World!";
    int i,n;
    i=0;
    while(s[i]!='\0')
      i++;
      n=i;
    printf("%d",n);
}
```

运行结果如图 5-13 所示。

下面介绍几种常用的函数。

使用字符串处理函数的程序

```
#include <string.h>
int main()
{
    char s[100]="Hello World!";
    int n;
    n=strlen(s);
    printf("%d",n);
}
```

12_

图 5-13　例 5.9 运行结果

1. 字符串输入/输出函数（<stdio.h>）

（1）字符串输入 gets（str）

功能：从键盘输入一个字符串（可包含空格），直到遇到回车符，并将字符串存放到由 str 指定的字符数组（或内存区域）中。

参数：str 是存放字符串的字符数组（或内存区域）的首地址。函数调用完成后，输入的字符串存放在 str 开始的内存空间中。

（2）字符串输出 puts（str）

功能：从 str 指定的地址开始，依次将存储单元中的字符输出到显示器，直到遇到"字符串"结束标志。

注意：puts 将字符串最后的'\0'转化为'\n'并输出。

2. 字符串处理函数（<string.h>）

（1）求字符串的长度 strlen（str）

功能：统计起始地址 str 为的字符串的长度（不包括字符串结束标志），并将其作为函数值返回。

（2）字符串连接函数 strcat（str1,str2）

功能：将首地址为 str2 的字符串连接到 str1 字符串的后面。从 str1 原来的'\0'（字符串结束标志）处开始连接。

注意事项：

①str1 一般为字符数组，要有足够的空间，以确保连接字符串后不越界；

②str2 可以是字符数组名，字符串常量或指向字符串的字符指针（地址）。

（3）字符串复制函数 strcpy（str1,str2）

功能：将首地址为 str2 的字符串复制到首地址为 str1 的字符数组中。

注意事项：

①str1 一般为字符数组，要有足够的空间，以确保复制字符串后不越界；

②str2 可以是字符数组名，字符串常量或指向字符串的字符指针（地址）。

字符串（字符数组）之间不能赋值，但是通过此函数，可以间接达到赋值的效果。

（4）字符串比较函数 strcmp（str1,str2）

功能：将首地址为 str1,str2 的两个字符串进行比较，自左至右逐个字符相比，直到出现不同的字符或遇到'\0'为止,比较的结果由返回值表示。

当 str1=str2，函数的返回值为 0。

当 str1<str2，函数的返回值为负整数（绝对值是 ASCⅡ码的差值）。

当 str1>str2，函数的返回值为正整数（绝对值是 ASCⅡ码的差值）。

字符串之间比较规则：从第一个字符开始，对两个字符串对应位置的字符按 ASCⅡ码的大小进行比较，直到出现第一个不同的字符，即由这两个字符的大小决定其所在串的大小。字符串（字符数组）之间不能直接比较，但是通过此函数，可以间接达到比较的效果。

5.3.5　字符数组应用举例

【例 5.10】从键盘输入两个字符串，并将其首尾相接后输出。每个字符串内部不含空格，两个字符串之间以空白符分隔。

分析：对字符串的存储问题需要用字符数组来解决。具体算法要点如下。

字符串输入，可以用具有词处理功能的 scanf（）函数。

字符串拼接方法：先找到第一个字符串的末尾，然后将第二个字符串的字符逐个添加到末尾。

注意：要去掉第一个字符串后的结束符'\0'，但要把第二个字符串后的结束符'\0'添加进去。

参考程序如下：

```
#include "stdio.h"
int main （）
{
    char str1[50],str2[20];
    int i,j;
    printf （"Enter string No.1:\n"）;
    scanf （"%s",str1）;
    printf （"Enter string No.2:\n"）;
    scanf （"%s",str2）;
    i=j=0;
    while （str1[i]!='\0'）
```

```
            {
                i=i+1;
            }
        while（str2[j]!='\0'）
            {
                str1[i]=str2[j];
                i=i+1;
                j=j+1;
            }
        printf（"string No.1->%s\n",str1）;
        return 0;
}
```

运行结果如图 5-14 所示。

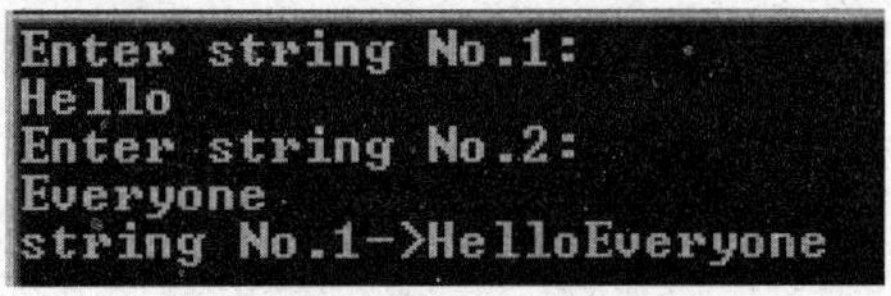

```
Enter string No.1:
Hello
Enter string No.2:
Everyone
string No.1->HelloEveryone
```

图 5-14　例 5.10 运行结果

第6章 函 数

本章知识点

➤ 函数机制的优点和函数的分类
➤ 函数的定义、函数调用、函数原型、函数返回值
➤ 全局变量、自动变量、静态变量、寄存器变量
➤ 函数的递归调用
➤ 结构设计与模块化

重点与难点

➲ 函数的参数传递与函数的返回值
➲ 函数的调用流程
➲ 函数的嵌套调用
➲ 函数的递归调用和回溯过程的理解
➲ 数组作为函数参数
➲ 变量的存储类别和作用域

6.1 函数的基本知识

6.1.1 函数机制的优点

函数的本质是一段可以实现特定功能且被重复使用的代码，它被单独编写并封装为模块，使用时直接调用即可。函数机制有以下优点。

（1）降低代码规模，使程序更加简短清晰。

（2）提高代码的重复性。

（3）有利于程序维护。

（4）提高程序开发的效率。

关于 C 语言函数，需要注意以下几点。

（1）一个源程序文件可由一个或多个函数组成。一个源程序文件是一个编译单位，即以源文件为单位进行编译，而不是以函数为单位进行编译。

（2）一个 C 语言程序可由一个或多个源程序文件组成。一个源文件可以被多个 C 语言程序公用。

（3）一个 C 语言程序有且只能有一个主函数 main（），程序从 main 函数开始执行，调用其他函数后，最终仍需要回到 main 函数结束整个程序的运行。main 函数是系统定义的。

（4）所有函数在定义时都是相互独立的，一个函数不可从属于另一个函数，即函数不能嵌套定义，但可以相互调用。main 函数不能被调用。

（5）函数被调用后，通过 return 语句返回函数值，若无 return 语句则执行被调用函数但不返回函数值。若函数类型为 void，则函数无返回值。

6.1.2 函数的分类

可以从不同的角度对 C 语言中的函数进行分类。

1. 从函数定义的角度分类

从函数定义的角度来看，C 语言中的函数可分为库函数和用户定义函数两种。

（1）库函数。由 C 系统提供，用户在程序中只需在程序前包含有该函数原型的头文件即可在程序中直接调用。在前面各章的例题中反复用到的 printf、scanf、getchar、putchar、gets、puts、sqrt 等函数均属于此类型。

在程序中调用某个库函数时，需要用预处理命令#include 将该函数所在的头文件包含到程序中，以便编译系统找到该函数的目标代码，生成可执行文件。例如：要使用数学函数，需要用 "#include<math.h>" 将数学头文件包含到程序中，要使用字符串处理函数，则需要用 "#include<string.h>" 将字符串处理头文件包含到程序中。

（2）用户定义函数。由用户按需要编写的函数。对于用户自定义函数，不仅要在程序中定义函数本身，而且在主调函数模块中还必须对该被调函数进行类型说明，然后才能使用。

2. 从功能的角度分类

C 语言的函数兼有其他语言中的函数和过程两种功能，从这个角度看，又可把 C 语言中的函数分为有返回值函数和无返回值函数两种。

（1）有返回值函数。此类函数被调用执行完后将向调用者返回一个执行结果，称为函数返回值。由用户定义的这种要返回函数值的函数，必须在函数定义和函数说明中明确返回值的类型。

（2）无返回值函数。此类函数用于完成某项特定的处理任务，执行完成后不向调用者返回函数值。这类函数类似于其他语言中的过程。由于函数不需要有返回值，用户在定义此类函数时可指定它的返回为 "空类型"，空类型的说明符为 void。

3．从数据传递的角度分类

从主调函数和被调函数之间数据传送的角度看，C 语言中的函数分为无参函数和有参函数两种。

（1）无参函数。无参函数在函数定义、函数说明及函数调用中均不带参数。主调函数和被调函数之间不进行参数传送。此类函数通常用来完成一组指定的功能，可以返回或不返回函数值。

（2）有参函数。有参函数也称为带参函数。在函数定义及函数说明时都有参数，称为形式参数（简称为形参）。在函数调用时也必须给出参数，称为实际参数（简称为实参）。进行函数调用时，主调函数将把实参的值传送给形参，供被调函数使用。

6.2 函数定义与调用

6.2.1 函数定义

任何函数，包括主函数 main（）都是由函数首部和函数体两部分组成的。函数的首部定义了函数的名称、返回值的类型，以及调用该函数时需要给出的参数个数和类型等；函数体是用花括号括起来的部分，它包括对函数内部使用变量的类型说明和实现具体功能的执行语句两个部分。

1．无参函数定义的一般形式

无参函数定义的一般形式如下：

类型标识符 函数名（）

{

声明部分

语句

}

说明：

（1）函数定义格式中的第一行称为函数首部，又称为函数原型。需要注意的是，函数定义的第一行末尾不能加分号。

（2）类型标识符指明了本函数的类型，函数的类型实际上是函数返回值的类型。函数的类型可以是前面章节中介绍的整型（int）、长整型（long）、字符型（char）、单精度型（float）、双精度型（double）等，也可以是后面章节中介绍的指针类型。在多数情况下，无参函数是没有返回值的，此时函数类型标识符可以写为 void。如果缺省类型标识符，则系统默认返回值类型为 int 型。

（3）函数名是由用户定义的标识符，函数名后有一对空括号（），其中无参数，但是括号是不能省略的。需要注意的是，在同一个源程序文件中，不同函数其函数名不能相同。

（4）函数首部下面花括号{ }中的内容称为函数体。函数体中，包括声明部分和执行部分。声明部分用于对该函数体内部所用到的变量进行声明，以及对所调用的函数进行声明；执行部分由 C 语言的基本语句组成，是该函数功能的核心部分，具体实现函数的功能。

2．有参函数定义的一般形式

有参函数定义的一般形式如下：
类型标识符 函数名（类型名 形式参数 1，类型名 形式参数 2，…）
{
声明部分
语句
}

有参函数比无参函数多了形式参数表列，其中给出的参数称为形式参数，简称形参，它们可以是各种类型的变量，各参数之间用逗号间隔。在进行函数调用时，主调函数将实际的值传递给这些形式参数。形参既然是变量，那么就必须在形式参数表列中给出形参的类型说明。有参函数组成结构示意图如图 6-1 所示。

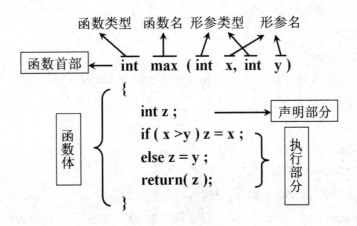

图 6-1 有参函数组成结构示意图

在此程序中，函数名为 max，函数返回值为 int 型，函数有两个形式参数 x 和 y，它们都是 int 型。

3．空函数

函数定义的各个部分都可以缺省。没有任何内容的函数称为空函数，空函数什么也不做，什么也不返回。其形式为：
函数名（） { }
注意，对于无参函数或空函数，函数名后面的圆括号不能省略。

例如：

dummy（）　{ }

调用此函数时什么也不做。在程序开发期间，空函数用作占位符，后期程序功能扩充时再填入所需功能。空函数的有效使用，有利于对于较大程序的编写、调试和功能扩充。

关于函数定义的注意事项：

（1）C 语言规定，不能在一个函数的内部再定义其他函数，即函数不能嵌套定义。

（2）函数首部中的圆括号后不要加分号。

（3）在有参函数定义中，每个形式参数应分别进行类型的定义，即图 6-1 中的有参函数定义的第一行不能写成：

int max（int x, y）　/* 错误原因：省略了形式参数 y 之前的类型说明 int　*/

6.2.2　函数的参数及参数传递

函数参数的作用是在主调函数和被调函数之间传递数据。

在定义函数时，函数名后面括号中的变量名称为形式参数（简称形参），在调用函数时，函数名后面括号中的表达式称为实际参数（简称实参）。

【例 6.1】函数参数传递示例。

参考程序如下：

```c
#include <stdio.h>
int change（int   x,int   y）;         /*被调用函数原型声明*/
int main（）
{
    int a,b,m;
    printf（"input two data:\n"）;
    scanf（"%d %d",&a,&b）;  /*输入两个变量数据*/
    m=change（a,b）;              /*将实际参数 a,b 数值传递给 change*/
printf（"main a=%d b=%d\n",a,b）;    /*输出 main 函数中 a,b 数值*/
    return 0;
}
int change（int x,int y）
{
    /*打印传入形参 x,y 的数据*/
    printf（"start sub x=%d y=%d \n ",x,y）;
    x=64;
    y=36;
    /*打印改变形参 x,y 后的数据*/
    printf（"End sub x=%d y=%d \n ",x,y）;
```

```
    return   x*y;          /*将结果返回给主调函数*/
}
```

运行结果如图 6-2 所示。

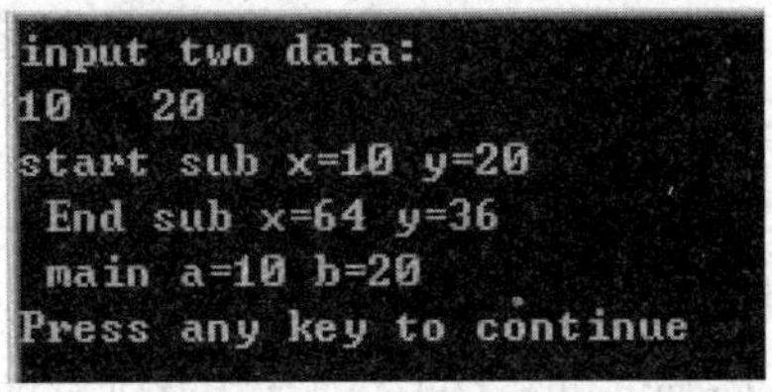

input two data:
10   20
start sub x=10 y=20
 End sub x=64 y=36
 main a=10 b=20
Press any key to continue

图 6-2 例 6.1 运行结果

C 语言规定，实参变量对形参变量的数据传递是“值传递”，即单向传递，即只能把实参的值传递给形参，而不能把形参的值反向地传递给实参。实际上，实参变量所占用的存储单元与形参变量所占用的存储单元是不同的存储单元。因此，在函数调用过程中，形参变量的值如果发生改变，并不会改变主调函数中实参变量的值。

本例运行时，形参与实参结合的原理如图 6-3 所示。main 函数中给实参变量 a，b 输入数据后，调用 change 函数时通过值传递的方式再送给形参变量 x,y 的存储单元中，change 函数中对 x，y 改变并影响 a，b 的数值。

实参：
a
10
b
20
形参：
x
10
y
20
实参：
a
10
b
20
形参：
x
64
y
36

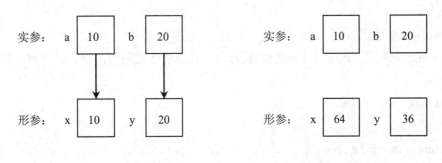

（a）实参的值传递给形参　　　（b）函数中形参值发生改变

图 6-3 函数参数的单向传递

关于形参与实参的说明：

（1）在定义函数中指定的形参变量，在未出现函数调用时，它们并不占内存中的存储单元。只有在发生函数调用时，系统才为形参变量分配内存单元。在函数调用结束后，形参变量所占用的内存单元也被释放。因此，形参只在函数内部有效，函数调用结束后则不能再使用形参变量。

（2）在进行函数定义时，必须指定形参的类型。

（3）实参可以是常量、变量、表达式或函数。例如：

```
total = sum（10, 98）；  /*将常量作为实参*/
total = sum（a+10, b-3）；  /*将表达式作为实参*/
```

total = sum（ pow（2,2）, abs（-100））;   /*将函数返回值作为实参*/

无论实参是何种类型，在进行函数调用时，它们都必须具有确定的值，以便把这些值传递给形参。因此应预先用赋值、输入等办法使实参获得确定值。

（4）实参和形参在数量上和顺序上必须一致。而实参和形参在类型上应保持一致或兼容，否则会发生"类型不匹配"的语法错误。如果能够进行自动类型转换，或者进行了强制类型转换，那么实参类型也可以不同于形参类型，例如将 int 类型的实参传递给 float 类型的形参就会发生自动类型转换。

（5）形参和实参虽然可以同名，但它们之间是相互独立的，互不影响。因为实参在函数外部有效，而形参在函数内部有效。

6.2.3　函数的返回值

函数的返回值是指函数被调用之后，执行函数体中的语句所得到的结果，这个结果通过 return 语句返回给主调函数。对函数的返回值（或称函数的值）有以下一些说明。

（1）函数的值只能通过 return 语句返回到主调函数。

return 语句的一般形式为：

return　表达式;

或者:

return　（表达式）;

①return 语句的功能是中止函数的执行，并计算表达式的值，将其返回到主调函数。例如:

int max　（int a , int b）

{

return　（a > b ? a : b）;

}

②在函数中允许有多个 return 语句，可以出现在函数体的任意位置，但每次调用只能有一个 return 语句被执行，因此只能返回一个函数值。例如:

int max（int a , int b）

{

if　（a > b）return（a）;

else　return b ;

}

③函数一旦遇到 return 语句就立即返回，即 return 后面的所有语句都不会被执行到。因此，return 语句有强制结束函数执行的作用。例如:

int max　int a , int b

{

```
    return    （a > b ? a : b）;
    printf（"Function is performed.\n"）;
}
```

函数中 printf 这行代码是多余的，永远没有被执行的机会。

注意：如果一个有返回值的函数中无 return 语句，那么，此函数并不是不返回值，而是返回一个不确定的值。

（2）函数返回值的类型和函数定义中函数的类型应保持一致。如果两者不一致，则以函数类型为准，自动进行类型转换。

（3）C 语言规定，凡不加类型说明的函数，一律按整型（int 型）处理。也就是说，若一个函数的返回值为整型，可以省去函数的类型说明。

（4）不返回函数值的函数，可以明确定义为"无类型"（或称为"空类型"），类型说明符为 void。例如：

```
void display（）
{
    printf（"C Programming.\n"）;
}
```

一旦函数被定义为空类型，就不能在主调函数中接收被调函数的函数值了。例如，下面语句是错误的：

```
int a = func（）;
```

为了减少程序出错，保证程序正确调用，凡不要求有返回值的函数，一般应将函数的类型定义为 void 类型。

【例 6.2】函数返回值举例：编写函数判断 n 是否为素数。

分析：一个数，如果只有 1 和它本身两个因数，这样的数叫作质数，又称素数。

根据题目要求，如果对任意输入的一个数 n，利用枚举法只要能找出一从 2 到 n-1 之间的任一个数 i，满足 n 能被 i 整除，就可以说明 n 不是素数，反过来，n 只能被 1 和它自己整除，n 即为素数。

参考程序如下：

```
#include <stdio.h>
int prime（int n）
{
    int is_prime = 1, i;
    /* n 一旦小于 0 就不符合条件, 就没必要执行后面的代码了, 所以提前结束函数 */
    if（n < 0）
    {
    return -1;
    }
```

```
        for（i=2; i<n; i++）
        {
            if（n % i == 0）
            {
                is_prime = 0;
                break;
            }
        }
        return is_prime;
    }
    int main（）
    {
        int num, is_prime;
        scanf（"%d", &num）;
        is_prime = prime（num）;
        if（is_prime < 0）
        {
            printf（"%d is a illegal number.\n", num）;
        }
        else if（is_prime > 0）
        {
            printf（"%d is a prime number.\n", num）;
        }
        else
        {
            printf（"%d is not a prime number.\n", num）;
        }
        return 0;
    }
```

运行结果如图 6-4 所示。

```
17
17 is a prime number.
```

图 6-4 例 6.2 运行结果

prime（）是一个用来求素数的函数。素数是自然数，它的值大于等于零，一旦传递给 prime（）的值小于零就没有意义了，就无法判断是否是素数了，所以一旦检测到参数 n 的值小于 0，就使用 return 语句返回-1 提前结束函数。

return 语句可提前结束函数。return 后面可以跟一份数据，表示将这份数据返回到主调函数；return 后面也可以不跟任何数据，表示什么也不返回，仅仅用来结束函数。

6.3　函数调用与参数传递

6.3.1　函数的调用

函数调用的一般方法如下：

函数名（[实际参数列表]）；

其中，在实参列表中，实参的个数与顺序必须和形参的个数与顺序相同，实参的数据类型必须和对应的形参数据类型相同或兼容。实参是有确定值的变量或表达式，各实参之间需要用逗号作为间隔。若为无参数调用，则函数调用时函数名后的括号不能省略。

其调用形式如下：

函数名（）；

在 C 程序当中，所有的函数定义，包括主函数 main（　） 在内，都是平行的。在一个函数的函数体内，不能再定义另一个函数，即不能嵌套定义。但是，函数之间允许相互调用，也允许嵌套调用。习惯上把调用者称为主调函数，被调用者称为被调函数。

主调函数对被调函数进行调用时，按其调用形式在程序中出现的位置不同来划分，可以有以下三种调用方式。

1. 函数语句

当函数调用不要求有返回值时，可由函数调用加上分号来实现，即该函数调用作为一个独立的语句使用。例如：

printf　（"%d"，a）；

scanf　（"%d"，&b）；

2. 函数表达式

函数调用作为表达式中的一个运算对象出现在表达式中。以函数返回值来参与表达式的运算，因此要求函数必须是有返回值的。例如：

y = sqrt　（x）；

r = max　（a，b）+ max（c，d）；

这两个表达式中都包含了函数调用，每个函数调用都是表达式的一个运算对象。因此，要求函数应带回一个确定的值参加表达式的运算。

3. 函数参数

函数作为调用另一个函数时的实际参数。这种情况是把该函数的返回值作为实参进行传递，因此要求该函数必须是有返回值的。例如：

```
printf（"%d", max（x, y））；
x = max （max（a, b）, max（c, d））；
printf（"%d", max（max（a, b）, max（c, d）））；
```

设在 A 函数执行过程中，调用了 B 函数，那么，A 函数称为主调函数，而 B 函数称为被调函数。现在，以下面的一个 C 程序的执行过程来说明函数调用的过程。

```
#include   <stdio.h>
int   func（int x, int y）
{
int   m;
    m = x > y? x: y;
    return   m;
}
intmain（）
{
  int a = 2, b = 3, n;
    n = func（a, b）;
    printf（"\n%d", n）;
    return 0;
}
```

该程序的执行过程如下。

（1）C 程序从 main 函数开始执行。

（2）处理 main 函数的声明部分，即系统为变量 a、b、n 分配内存单元，并对变量 a 和 b 赋初值，使 a 变量保存整型常量 2，使 b 变量保存整型常量 3。

（3）执行函数中的执行部分。

（4）main 函数执行过程中遇到函数调用，即调用 func 函数，此时先计算每个实参表达式的值，即第一个实参的值为 2，第二个实参的值为 3，而后 main 函数暂停执行，转去执行被调函数 func 函数，并将实参的值传递给被调函数。

（5）执行被调函数 func 函数，系统为形参变量 x 和 y 分配内存单元，同时使形参变量取值为对应实参的值，即使第一个形参变量 x 取值为第一个实参的值 2，使第二个形参变量 y 取值为第二个实参的值 3。

（6）处理 func 函数的声明部分，即系统为变量 m 分配内存单元。

（7）执行 func 函数的函数体语句。

（8）被调函数 func 函数执行过程中，遇到返回语句 return，此时，将变量 m 的值 3 作为返回值带回给主调函数 main 函数，而后释放被调函数中变量 x、y 和 m 占用的内存单元，被调函数 func 函数执行结束，返回主调函数 main 函数继续执行。

（9）main 函数获得被调函数 func 函数的返回值 3，将其赋值给变量 n，main 函数由暂停执行状态转变为执行状态。

（10）继续执行 main 函数中的其余语句。

（11）main 函数中最后一条语句执行结束，意味着 main 函数执行完毕，此时还需要释放变量 a、b、n 所占用的内存单元，整个程序执行结束。

6.3.2　函数声明与函数原型

C 语言代码由上到下依次执行，原则上函数定义要出现在函数调用之前，否则就会报错。但在实际开发中，经常会在函数定义之前使用它们，这个时候就需要提前声明。

所谓声明（declaration），即向编译系统声明将要调用此函数，并将此函数的有关信息（即被调用函数的函数类型、参数的个数、类型和顺序等）通知编译系统。编译系统在处理函数调用时，从中获得函数调用所必需的信息，以确认函数调用在语法及语义上的正确性，从而生成正确的函数调用代码。

在一个函数中要调用另一个函数时，需要具备以下条件。

（1）被调用的函数必须是已经存在的函数（库函数或用户自己定义的函数）。

（2）如果调用的是库函数，一般应该在本源程序文件的开始用预处理命令#include将此库函数所需用到的有关信息包含到本文件来。例如：

#include<stdio.h>

其中，"stdio.h" 是一个头文件。在 "stdio.h" 文件中存放了有关输入输出库函数的相关信息。

（3）如果调用的是用户自己定义的函数，而且该函数与主调函数在同一个文件中，一般应该在主调函数中对被调用函数进行函数声明。

函数声明的格式与函数首部类似，最后加一个分号。函数声明中的形参列表里，可以只写形参类型，而参数名可以写，也可以不写。

函数声明的一般形式为：

　　　类型标识符　函数名（形参类型 1　形参名 1，形参类型 2　形参名 2，…）；

或者为：

　　　类型标识符　函数名（形参类型 1，形参类型 2，…）；

函数声明给出了函数类型（返回值类型）、函数名、形参列表（重点是参数类型）等与该函数有关的信息，称为函数原型。函数原型的作用是告诉编译器与该函数有关的信息，让编译器知道函数的存在，以及存在的形式，即使函数暂时没有定义，编译器也知道该如何使用它。

【例 6.3】函数声明举例：定义一个函数 sum（），计算从 m 加到 n 的和，并将函数 sum（）的定义放到函数 main（）后面。

#include <stdio.h>

int main（）

```
    {
        /*函数 sum（ ）声明*/
        int sum（int m, int n）;          /*也可以写作 int sum（int, int）;*/
        int begin = 6, end = 70;
        int result = sum（begin, end）;
        printf（"The sum from %d to %d is %d\n", begin, end, result）;
        return 0;
    }
    /*函数 sum（ ）定义*/
    int sum（int m, int n）
    {
        int i, sum=0;
        for（i=m; i<=n; i++）
        {
            sum+=i;
        }
        return sum;
    }
```

运行结果如图 6-5 所示。

```
The sum from 6 to 70 is 2470
```

图 6-5　例 6.3 运行结果

需要特别说明的是：函数声明和函数定义在形式上有相似之处，但二者是不同的概念。函数定义是指对函数功能的确立，包括指定函数名、函数的类型、形参及其类型、函数体等，它是一个完整的、独立的函数单位。函数声明则是对已定义的函数进行声明，它只包括函数名、函数的类型以及形参类型，不包括函数体。对被调函数进行声明的作用就是告诉编译系统被调用函数的有关信息，以便于编译系统进行语法检查。

正常情况下的函数调用，都应该对所调用的函数进行函数声明。C 语言中又规定在以下几种情况可以省去主调函数中对被调函数的函数声明：

（1）当被调函数的函数定义出现在主调函数定义之前时，在主调函数中可以不对被调函数进行函数声明而直接调用；

（2）如果已在所有函数定义之前，在文件的开始处，在函数的外部（例如源程序文件开始处）已预先进行了函数声明，则在各个主调函数中不必对所调用的函数再进行声明；

（3）对库函数的调用不需要进行函数声明，但必须把该函数对应的头文件用预处理命令#include 包含在源程序文件的前部。

【例 6.4】函数声明举例：定义两个函数，计算 1!＋2!＋3!＋...＋（n-1）!＋n!的和。

方法 1：被调函数出现在主调函数之后，须在使用前对函数进行说明。

参考程序如下：

```c
#include <stdio.h>
int main()
{
    /*函数声明部分*/
    long factorial(int n);      /*也可以写作"long factorial(int);"*/
    long sum(long n);           /*也可以写作"long sum(long);"*/
    printf("1!+2!+...+9!+10! = %ld\n", sum(10));   //n=10
    return 0;
}
/*函数定义部分*/
/*求阶乘*/
long factorial(int n)
{
    int i;
    long result=1;
    for(i=1; i<=n; i++)
    {
        result *= i;
    }
    return result;
}
/*求累加的和*/
long sum(long n)
{
    int i;
    long result = 0;
    for(i=1; i<=n; i++)
    {
        result += factorial(i);
    }
    return result;
}
```

运行结果如图 6-6 所示。

```
1!+2!+...+9!+10! = 4037913
```

图 6-6   例 6.4 运行结果

方法 2：被调函数出现在主调函数之前，不必对函数进行说明。

```c
#include <stdio.h>
/*函数定义部分*/
/*求阶乘*/
long factorial（int n）
{
    int i;
    long result=1;
    for（i=1; i<=n; i++）
    {
        result *= i;
    }
    return result;
}
/*求累加的和*/
long sum（long n）
{   int i;
    long result = 0;
    for（i=1; i<=n; i++）
    {
        result += factorial（i）;
    }
    return result;
}
int main（）
{
    printf（"1!+2!+...+9!+10! = %ld\n", sum（10））;
    return 0;
}
```

对函数进行说明，能使 C 语言的编译程序在编译时进行有效的类型检查。调用函数时，如果实参的类型与形参的类型不一致并且也不能赋值兼容，或者实参个数与形参个数不同，C 编译程序都能查出错误并及时报错。因此，使用函数说明能及时通知程序员出错的位置，从而保证程序能正确运行。

6.3.3　函数的嵌套调用

　　函数是 C 语言程序的一种基本组成部分，C 语言程序的功能是通过函数之间的调用来实现的，一个完整的 C 语言程序中的函数定义是互相独立的，函数和函数之间没有从属关系，即一个函数内不允许包含另一个函数的定义，即在 C 语言中不允许函数的嵌套定义。一个函数既可以被其他函数调用，同时，它也可以调用别的函数，这就是函数的嵌套调用。

　　函数的嵌套调用为自顶向下、逐步求精及模块化的结构化程序设计技术提供了最基本的支持。函数嵌套调用示意图如图 6-7 所示。这是一个两层嵌套（连同主函数 main 函数共三层）调用的示意图。

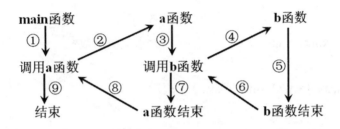

图 6-7　函数嵌套调用示意图

其执行过程如下。

（1）先执行 main 函数的开始部分。

（2）遇到"调用 a 函数"语句，执行转到 a 函数。

（3）执行 a 函数的开始部分。

（4）遇到"调用 b 函数"语句，执行转到 b 函数。

（5）执行 b 函数直至结束。

（6）返回 a 函数中的"调用 b 函数"处。

（7）执行 a 函数余下部分直至结束。

（8）返回 main 函数中的"调用 a 函数"处。

（9）执行 main 函数余下部分直至结束。

　　【例 6.5】函数嵌套调用：求三个数中最大数和最小数的差值。

　　分析：该问题可进一步细分为求最大值、求最小值和求两个数的差等三个子问题。针对这三个子问题，可以分别用三个函数来完成各自的求解过程。设这三个函数依次为 max（）、min（）和 dif（），在主函数中调用求差值的函数 dif（），而 dif（）在计算差值之前须调用 max（）和 min（），这就是函数的嵌套调用。

　　参考程序如下：

```
#include <stdio.h>
int    main（）
```

```
{
        int dif（int x,int y,int z）;                    /*差值函数原型声明*/
        int max（int x,int y,int z）;                   /*最大值函数原型声明*/
        int min（int x,int y,int z）;                   /*最小值函数原型声明*/
        int a,b,c,d;
        printf（"input three integers:"）;
        scanf（"%d%d%d",&a,&b,&c）;                      /*从键盘输入三个整数*/
        d=dif（a,b,c）;                                  /*调用求差值的函数*/
        printf（"Max-Min=%d\n",d）;                      *输出结果*/
        return 0;
}
int dif（int   x,int   y,int   z）                      /*求差值函数*/
{
        return max（x,y,z）-min（x,y,z）;
}
int max（int   x,int   y,int   z）                      /*求最大值函数*/
{    int r;
     r=x>y?x:y;
     return（r>z?r:z）;
}
int min（int   x,int   y,int   z）                      /*求最小值函数*/
{
        int r;
        r=x<y?x:y;
        return（r<z?r:z）;
}
```

函数调用示意图如图 6-8 所示。

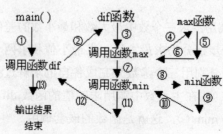

图 6-8 函数调用示意图

运行结果如图 6-9 所示。

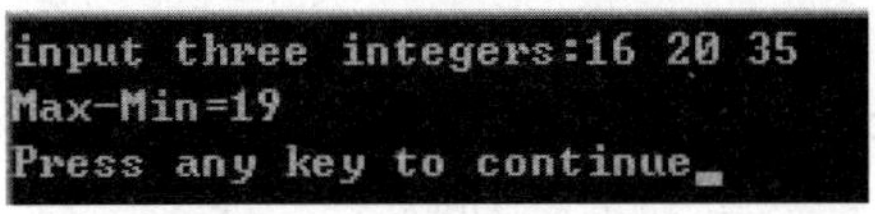

```
input three integers:16 20 35
Max-Min=19
Press any key to continue
```

图 6-9　例 6.5 运行结果

6.4　数组作为函数参数

数组可以作为函数的参数使用，进行数据传递。数组用作函数参数有两种形式，一种是用数组元素作为函数的实参；另一种是用数组名作为函数的形参和实参。

6.4.1　数组元素作为函数实参

数组元素作为实参时，只要数组类型和函数的形参类型一致即可，并不要求函数的形参也是下标变量。换句话说，对数组元素的处理是按普通变量对待的。

在普通变量或下标变量作为函数参数时，形参变量和实参变量是由编译系统分配的两个不同的内存单元。在函数调用时发生的值传送，是把实参变量的值赋予形参变量。

【例 6.6】数组元素作为函数实参：写一函数判断其是否为字母，利用其统计字符串中字母的个数。

参考信号如下：

```
#include <stdio.h>
int   main（）
{
    int   isalp（char c）; /*函数声明*/
  int i,num=0;
char str[255];     /*定义字符数组，长度要足够长*/
    printf（"Input   a   string: \n"）;
    gets（str）;   /*从键盘输入一个字符串存放到数组中*/
    for（i=0;str[i]!='\0';i++）
    {
        if （isalp（str[i]）) num++; /*调用函数 isalp（），数组元素作为函数参数*/
    }
    printf（"num=%d\n",num）;/*输出字母数量*/
    return 0;
}
int   isalp（char c）     /*函数定义，判断变量 c 是否为字母函数*/
```

```
{
    if    (c>='a'&&c<='z'||c>='A'&&c<='Z')
        return（1）；  /*是字母，返回真*/
    else
        return（0）；  /*不是字母，返回假*/
}
```

运行结果如图 6-10 所示。

```
Input  a  string:
abc123%rf68
num=5
Press any key to continue_
```

图 6-10 例 6.6 运行结果

本例中，数组元素 str[i]作为被调函数 isalp 的实参与普通变量作为实参并无区别。即数组元素 str[i]作为函数实参使用与普通变量是完全相同的，在发生函数调用时，把作为实参的数组元素的值传送给形参，实现单向的值传送。

【例 6.7】数组元素作为函数实参：编程实现对两个字符串进行大小比较。

分析：设 a 和 b 为存放字符串的若干个元素的字符数组，逐个比较两数组对应元素。

比较规则：对两串从左向右逐个字符比较（ASCⅡ码）直到遇到不同字符或'\0'为止，规则上跟字符串比较函数 strcmp（ ）类似。

此外，如果一个字符串是另一个字符串从头开始的子串，则母串为大。

参考程序如下：

```
#include <stdio.h>
int    main（）
{
    int    large（char ,char ）；  /*比较字符大小的函数原型声明*/
char a[255],b[255];           /*定义字符数组*/
    int i,result;
    printf（"Input string a and string b: \n"）;
    gets（a）；      /*从键盘输入一个字符串存放到数组 a 中*/
    gets（b）；      /*从键盘输入一个字符串存放到数组 a 中*/
    i=0;
    while （（a[i]!='\0'）&&（b[i]!='\0'））    /*逐个字符比较*/
    {
    result=large（a[i],b[i]）;   /*将数组元素传递给 large*/
    if（（result==1） ||（result==-1））
```

```
        break;
     i++;
    }
    if （result==0）        /*考虑到是否有子母串的情况*/
    {
        if （（a[i]!='\0'）&&（b[i]=='\0'））         /*b 是 a 的子串*/
            result=1;
        else if （（a[i]=='\0'）&&（b[i]!='\0'））    /*a 是 b 的子串*/
            result=-1;
    }
    /*判断并输出最终结果*/
    if（result==1）
        printf（"string a > string b \n"）;
    else if（result==0）
        printf（"string a = string b \n"）;
    else
        printf（"string a < string b \n"）;
    return 0;
}
int   large（char x,char y）      /*函数定义实现对字符元素大小的比较*/
{
    int flag;
    if（x>y）        /*x 大于 y*/
        flag=1;
    else if（x<y）   /*x 小于 y*/
        flag=-1;
    else            /*x 等于 y*/
        flag=0;
    return（flag）;   /*返回元素比较结果*/
}
```

程序运行结果如图 6-11 所示。

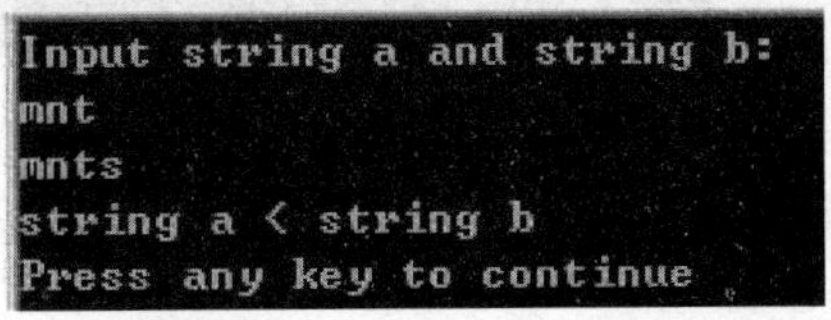

图 6-11　例 6.7 运行结果

実用 C 语言程序设计

6.4.2 数组名作为函数参数

数组名作为函数参数时，既可以作为形参，也可以作为实参。

C 语言系统中，编译系统不为形参数组分配内存，数组名作为函数参数时所进行的传送只是地址的传送，也就是说把实参数组的首地址赋予形参数组名。形参数组名取得该首地址之后，也就等于有了实在的数组的内存地址空间。

【例 6.8】数组名作为函数参数：求 10 个元素的整数数组中最大元素值。

参考程序如下：

```
#include <stdio.h>
int    main （）
{
    int    max （int b[]）
    int a[10]={2,4,6,8,10,12,14,16,18,20};   /*定义并初始化数组 a*/
    printf（"Max Value of   a: %d !\n",max（a））; /*数组名作为函数参数，调用 max
函数求解*/
    return 0;
}
int    max （int b[]）        /*函数定义实现取数组最大元素的值*/
{
    int tmax,i;
    tmax=b[0];
    for   （i=1;i<=9;i++）
    {
        if   （tmax<b[i]）
             tmax=b[i];
    }
    return （tmax）;/*返回最大元素数值*/
}
```

运行结果如图 6-12 所示。

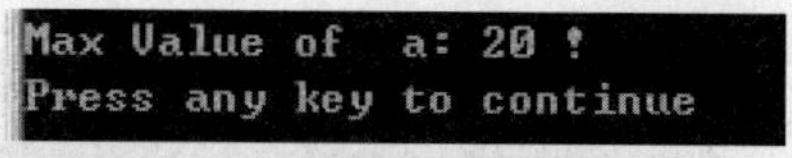

```
Max Value of  a: 20 !
Press any key to continue
```

图 6-12   例 6.8 运行结果

本例中实参数组 a 和形参数组 b 共享内存原理如图 6-13 所示。

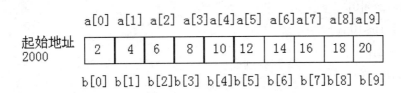

图 6-13 实参数组 a 和形参数组 b 共享内存原理

设 a 为实参数组，类型为整型。假定 a 占有以 2000 为首地址的一块内存区。b 为形参数组名。当发生函数调用时，进行地址传送，把实参数组 a 的首地址传送给形参数组名 b，于是 b 也取得该地址 2000。于是 a，b 两数组共同占有以 2000 为首地址的一段连续内存单元。从图 6-13 中还可以看出 a 和 b 下标相同的元素实际上也占相同的两个内存单元（整型数组每个元素占二字节）。例如 a[0]和 b[0]都占用 2000 和 2001 单元，当然 a[0]等于 b[0]。类推则有 a[i]等于 b[i]。

所以实际上形参数组并不存在自己所谓独自的空间，形参数组和实参数组为同一数组，共同拥有一段内存空间。所以它们之间的数据传递是双向的。

数组名作为函数参数时，则要求形参和相对应的实参都必须是类型相同的数组，都必须有明确的数组说明。当形参和实参二者类型不一致时，即会发生错误。

【例 6.9】数组名作为函数参数：假设数组 a 中存放了 10 个学生的成绩，求平均成绩。

参考程序如下：

```c
#include <stdio.h>
int   main（）                        /*主函数*/
{
    float aver（float a[]）；          /*函数原型声明*/
    float score[10],av;
    int i;
    printf（"input 10 scores:\n"）；
    for（i=0;i<10;i++）                /*逐个输入 10 名学生的成绩*/
        scanf（"%f",&score[i]）；
    av=aver（score）；                 /*调用子函数，求平均成绩*/
    printf（"average is: %5.2f",av）； /*输出结果*/
    return 0;
}
float aver（float a[10]）             /*子函数，求出学生的平均成绩*/
{
    int i;
```

```
    float av,s=a[0];
    for（i=1;i<10;i++）
        s=s+a[i];
    av=s/10;
    return   av;                         /*返回平均成绩*/
}
```

运行结果如图 6-14 所示。

```
input 10 scores:
81 92 73 64 85.5 96.5 77 88.5 79 100
average is:  83.7
Press any key to continue
```

图 6-14　例 6.9 运行结果

数组名作为函数参数时还应注意以下几点。

（1）形参数组和实参数组的类型必须一致，否则将引起错误。

（2）形参数组和实参数组的长度可以不相同，因为在调用时，只传送首地址而不检查形参数组的长度。当形参数组的长度与实参数组不一致时，虽不至于出现语法错误（即编译能通过），但程序执行结果将与实际不符，因此在编程时应予以注意。

（3）在函数形参表中，可以不给出形参数组的长度，或者用一个变量来表示数组元素的个数。即对于上例，可以写成：

```
void aver（float    a[]）
```

或写为

```
void aver（float a[]，int n）
```

其中形参数组 a 没有给出长度，而由 n 值动态地表示数组的长度。n 的值由主调函数的实参进行传送。

【例 6.10】值传递与地址传递比较：以下示例给出了数组元素与数组名作函数参数的比较，注意观察程序执行结果。

参考程序 1：（值传递）数组元素作为函数的参数。

```
#include <stdio.h>
int   main（）
{
    void swap1（int x,int y）      /*函数定义交换两个变量函数*/
    int a[2]={1,2};/*定义具有两个元素数组*/
    printf（"交换前：a[0]=%d   a[1]=%d\n",a[0],a[1]）;
    swap1（a[0],a[1]）;      /*调用函数，值传递*/
    printf（"交换后：a[0]=%d   a[1]=%d\n",a[0],a[1]）;
    return 0;
```

```
}
void swap1（int x,int y）      /*函数定义交换两个变量函数*/
{
    int z;
    z=x;
 x=y;
    y=z;
}
```

运行结果如图 6-15 所示。

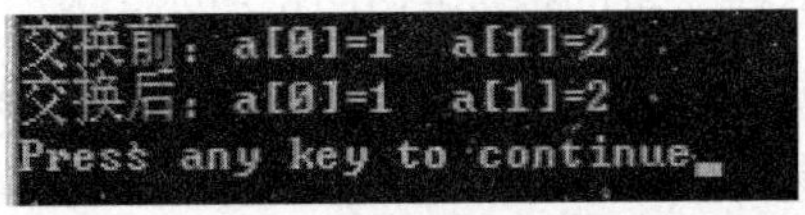

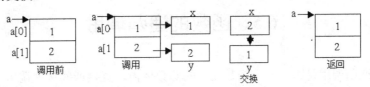

图 6-15　例 6.10 参考程序 1 运行结果

函数调用前后内存单元中各变量的值如图 6-16 所示。从图 6-16 中可以看到，数组元素作函数的参数传递的是值，由于 C 语言中数据只能从实参单向传递给形参，形参数据的变化并不能影响对应实参，因此在本程序中不能通过调用 swap1 函数实现对主函数中数组元素值的交换。

图 6-16　例 6.10 参考程序 1 函数调用前后内存单元中变量的值

参考程序 2：（传地址）数组名作为函数的参数。

```
#include <stdio.h>
int   main（）
{
    void swap2（int x[]）;       /*函数声明*/
    int a[2]={1,2};              /*定义具有两个元素的数组*/
     printf（"交换前：a[0]=%d   a[1]=%d\n",a[0],a[1]）;
     swap2（a）;                 /*调用函数，地址传递*/
     printf（"交换后：a[0]=%d   a[1]=%d\n",a[0],a[1]）;
}
void swap2（int x[]）      /*定义交换数组两个元素函数*/
{
    int z;
```

```
        z=x[0];
        x[0]=x[1];
        x[1]=z;
    }
```
运行结果如图 6-17 所示。

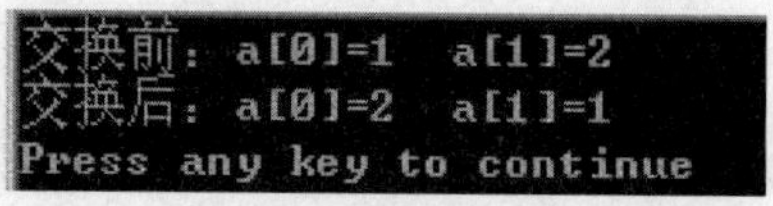

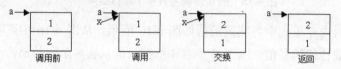

图 6-17　例 6.10 参数程序 2 运行结果

　　函数调用前后内存单元中各变量的值如图 6-18 所示。从图 6-18 中可以看到，数组名作为函数的参数传递的是地址，实现了在被调函数中直接改变主调函数中的变量的值，从而达到函数之间数据的传递。因此该程序，通过调用 swap2 函数实现了对主函数中数组元素值的交换。

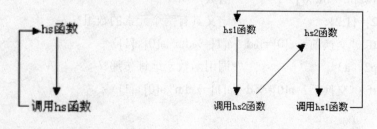

图 6-18　例 6.10 参考程序 2 函数调用图

6.5　函数的递归调用

　　函数的递归调用是指，一个函数在它的函数体内，直接或间接地调用它自身。

　　C 语言允许函数的递归调用。在递归调用中，主调函数同时也是被调函数，执行递归函数将反复调用其自身。每调用一次就进入新的一层。

　　函数直接调用自身，称为直接递归调用。如图 6-19 所示，在调用 hs 函数的过程中，又调用 hs 函数。

　　函数间接调用自身，称为间接递归调用。如图 6-20 所示，在调用 hs1 函数的过程中调用了 hs2 函数，而在调用 hs2 函数的过程中又调用了 hs1 函数。

图 6-19　直接递归调用　　　　　　　　　　图 6-20　间接递归调用

　　为了防止递归调用无终止地进行，必须在函数内有终止递归调用的手段。常用的办法是加条件判断，满足某种条件后就不再进行递归调用，然后逐层返回。

函数的递归调用过程可以分为两个阶段：一个是递推阶段，将原问题不断地分解为新的子问题，最终达到已知的条件，这时递推阶段结束；另一个是回归阶段，从已知条件出发，按照递推的逆过程，逐一求值回归，最终到达递推的开始处，完成递归调用。

【例 6.11】用递归法求 n!。

分析：因为 n!=（n-1）!×n，而（n-1）!=（n-2）!×（n-1），…，1!=1。故其递归方式为当 n>1 时，有 n!= n×（n-1）!；递归终止条件为当 n=0 或 1 时，有 n!=1。其数学公式如下：

$$n!=\begin{cases} 1 & (n=0,1) \\ n*(n-1)! & (n>1) \end{cases}$$

可以看到，在定义 n! 的表达式中又出现了（n-1）!，这种定义方式称为递归定义。通常，对于采用递归定义的数学公式可以编写成递归函数。

参考程序如下：

```
#include <stdio.h>
int   main（）
{
    long ff（int n）     /*函数声明*/
    int n;
    long fact;
    printf（"Input a integer number:\n"）;
    scanf（"%d",&n）;
    fact=ff（n）;        /*调用自定义函数求 n!*/
    printf（"%d! =%ld\n",n,fact）;   /*以长整型格式输出*/
    return 0;
}
long ff（int n）      /*定义求阶乘的递归函数*/
{
    long f;
    if（n<0）
     printf（"n<0,data error!\n"）;
    else if（n==0||n==1）f=1;
    else f=ff（n-1）*n;     /*递归调用*/
    return（f）;
}
```

运行结果如图 6-21 所示。

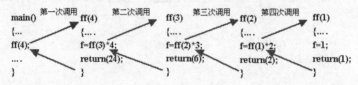

```
Input a integer number:
4
4! =24
Press any key to continue
```

图 6-21　例 6.11 运行结果

本例中，函数 ff（）是递归函数。如果 n=4，则计算 4!的执行过程如图 6-22 所示。

```
main()        第一次调用  ff(4)     第二次调用  ff(3)    第三次调用  ff(2)    第四次调用  ff(1)
{...                      {....                {....               {....               {....
ff(4);                    f=ff(3)*4;           f=ff(2)*3;          f=ff(1)*2;          f=1;
....                      return(24);          return(6);          return(2);          return(1);
}                         }                    }                   }                   }
```

图 6-22　计算 4! 的执行过程

第一次调用时，形参接受值为 4，满足 n>1 的条件，所以执行语句"f=ff(n-1)*n;"，在执行该语句时又调用 ff（n-1），执行 ff（3），这是第二次调用该函数，此时 n 为 3 仍满足 n>1 的条件，所以进入第三次调用，执行 ff（2），同理，继续进入第四次调用 ff(1)。这时执行语句"f=1;"，然后返回 f 的值，至此递推阶段结束，回归阶段开始。每次返回时，函数的返回值乘以 n 的当前值，结果作为本次调用的返回值返回给上次调用，最后返回值为 24，这就是 4!的计算结果。

一般能够使用递归函数解决的问题具有以下几个特点。

（1）原问题能分解为一个新问题，而新问题又用到了原有的解法，这就出现了递归。

（2）按照这个原则分解下去，每次出现的新问题都是原问题简化的子问题。

（3）最终分解出来的新问题是一个已知解的问题。也就是说递归应该是有限的，不能让函数无休止地调用其自身。即编写递归函数时，应该有使递归结束的约束条件，以便在不需递归调用时，函数能返回。

【例 6.12 】用递归法解决 Hanoi 塔问题。Hanoi 塔模型如图 6-23 所示。

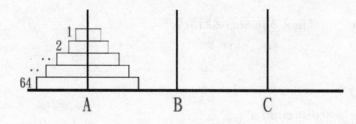

图 6-23　Hanoi 塔模型

有一块板上有三根柱子 A，B，C。A 柱上套有 64 个大小不等的圆盘，大的在下，小的在上。要把这 64 个圆盘从 A 柱移动 C 柱上，每次只能移动一个圆盘，移动可以借助 B 柱进行。但在任何时候，任何柱上的圆盘都必须保持大盘在下，小盘在上。求移动的步骤。

分析：设 A 上有 n 个盘子。

如果 n=1，则将圆盘从 A 直接移动到 C。

如果 n=2，则：

（1）将 A 上的 n-1（等于 1）个圆盘移到 B 上。

（2）再将 A 上的一个圆盘移到 C 上。

（3）最后将 B 上的 n-1（等于 1）个圆盘移到 C 上。

如果 n=3，则：

（1）将 A 上的 n-1（等于 2，令其为 n'）个圆盘移到 B（借助于 C），步骤如下：

①将 A 上的 n'-1（等于 1）个圆盘移到 C 上。

②将 A 上的一个圆盘移到 B。

① 将 C 上的 n'-1（等于 1）个圆盘移到 B。

（2）将 A 上的一个圆盘移到 C。

（3）将 B 上的 n-1（等于 2，令其为 n'）个圆盘移到 C（借助 A），步骤如下：

①将 B 上的 n'-1（等于 1）个圆盘移到 A。

② 将 B 上的一个盘子移到 C。

③将 A 上的 n'-1（等于 1）个圆盘移到 C。

到此，完成了三个圆盘的移动过程。

从上面分析可以看出，当 n 大于等于 2 时，移动的过程可分解为三个步骤：第一步，把 A 上的 n-1 个圆盘移到 B 上；第二步，把 A 上的一个圆盘移到 C 上；第三步，把 B 上的 n-1 个圆盘移到 C 上；其中第一步和第三步是类同的。

当 n=3 时，第一步和第三步又分解为类同的三步，即把 n'-1 个圆盘从一个柱移到另一个柱上，这里的 n'=n-1。 显然这是一个递归过程，据此算法可编程如下：

```c
#include <stdio.h>
int main（）
{   move（int n,int x,int y,int z）;
    int num;
    printf（"输入初始圆盘数量:\n"）;
    scanf（"%d",&num）;
    printf（"移动%d 盘子的步骤如下:\n",num）;
    move（num,'A','B','C'）;
return 0;
}
    move（int n,int x,int y,int z）
{   if（n==1）
        printf（"%c 柱-->%c 柱\n",x,z）;
    else
    {
    move（n-1,x,z,y）;/*递归方式调用*/
```

```
        printf（"%c 柱-->%c 柱\n",x,z）;
        move（n-1,y,x,z）;/*递归方式调用*/
    }
}
```

说明：

从本例的程序中可以看出,move 函数是一个典型的递归函数,它有四个形参 n,x,y,z。n 表示圆盘数，x,y,z 分别表示三根柱。

move 函数的功能是把 x 上的 n 个圆盘移动到 z 上。当 n=1 时，直接把 x 上的圆盘移至 z 上，输出 x→z。

如 n!=1 则分为三步：递归调用 move 函数，把 n-1 个圆盘从 x 移到 y；输出 x→z；递归调用 move 函数，把 n-1 个圆盘从 y 移到 z。

在递归调用过程中 n=n-1，故 n 的值逐次递减，最后 n=1 时，终止递归，逐层返回。

程序运行结果如图 6-24 所示。

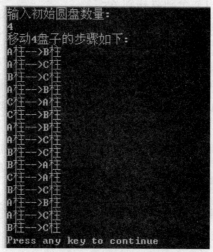

图 6-24　运行结果

【例 6.13】用递归法求 Fibonacci 数列的第 n 项。

分析：Fibonacci 数列中第 1、2 项为 1，第 n 项（n>2）由前两项之和得到，即：

$$F_n =1 （n=1, 2）$$

$$F_n =F_{n-1} +F_{n-2} （n>2）$$

根据递推公式可知，F_n 的值为 F_{n-1} 与 F_{n-2} 之和，如此递推，直至 F_1 或 F_2 时递推终止，然后回归求得 $y = \begin{cases} 1 \\ 0 \\ -1 \end{cases}$ 的值。

参考程序如下：

```c
#include <stdio.h>
int f（int n）
{
    if（n==1||n==2）
    {
        return 1;
    }
    return f（n-1）+f（n-2）;
}
int main（）
{
    int a;
    printf（"Input a number:\n"）;
    scanf（"%d",&a）;
    printf（"f（%d）=%d",a,f（a））;
    return 0;
}
```

运行结果如图 6-25 所示。

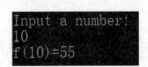

图 6-25   例 6.13 运行结果

6.6   变量的作用域及其存储类型

变量在程序里的有效范围称变量的作用域。

在讨论函数的形参变量时曾经提到，形参变量只在函数被调用的时候才分配内存单元，函数调用结束后立即释放形参变量所占用的内存单元。这一点表明形参变量只有在函数内才是有效的，离开该函数就不能再使用了。这种变量的有效性范围称为变量的作用域。

不仅是形参变量，C 语言中所有的变量都有自己的作用域。变量说明的方式不同，其作用域也不同。C 语言中的变量，按作用域范围可分为两种，即局部变量和全局变量。

6.6.1   局部变量

局部变量是指在程序块（或函数）内部定义的变量，只能被定义它的函数或程序块访

实用 C 语言程序设计

间，因此也称为内部变量。这种变量一经定义，系统就为其分配相应的内存空间，在本程序块（或函数）执行结束时，系统就会收回其占用的空间。

在 C 程序中，在以下各位置定义的变量均属于局部变量。

（1）在函数体内定义的变量，在本函数范围内有效，作用域局限于函数体内。

（2）在复合语句内定义的变量，在本复合语句范围内有效，作用域局限于复合语句内。

（3）有参函数的形式参数也是局部变量，只在其所在的函数范围内有效。

例如：

```
void   fun（int a）   /*定义函数 fun*/
 {
    int b,c;
    …
    }     /*a,b,c 局部变量，其作用域仅限于 fun 函数中*/
```

在 fun 函数内定义了三个变量，a 为形参，b,c 为一般变量，它们都是局部变量。在 fun 的范围内 a,b,c 有效，或者说 a,b,c 变量的作用域仅限于 fun 函数内。

再例如，一个程序中包含 dow 与 main 两个函数：

```
int dow（int x, int y）    /*定义函数 dow*/
 {
    int p,q;
    …
    }             /*x,y,p,q 局部变量，其作用域仅限于 dow 函数中*/
int   main（）
 {
    int p,q;        /*p,q 局部变量，其作用仅限于 main 函数中*/
    char ch;        /*ch 局部变量，其作用仅限于 main 函数中*/
     …
    {
        char ch;    /*ch 局部变量，仅在复合语句中有效*/
        ch++;       /*此处的 ch 是复合语句中定义的 ch*/
    }
    p++;
    q--;
    retuen 0;
 }
```

本程序中 main 函数中定义的局部变量 p,q 的作用域限于 main 函数内，它们与 dow 函数中定义的局部变量 p,q 同名，但作用域不同，所以是不同的变量。字符变量 ch 是在函数的开始和复合语句中都定义的变量，其作用域仅限于该复合语句之中，函数中访问的变量有同名时，采用局部优先原则。

关于局部变量作用域的说明如下。

（1）main 函数中定义的变量也只在 main 函数中有效，而不因为是在 main 函数中定义的变量，就可以在整个文件或程序中都有效。main 函数也不能使用其他函数中定义的变量。因为 main 函数也是一个函数，main 函数与其他函数是平行关系。这一点是与其他语言不同的，应予以注意。

（2）允许在不同的函数中使用相同的变量名而互不干扰，也不会发生混淆，因为它们代表不同的对象，分配不同的内存单元。

（3）形参变量是被调函数的局部变量，实参变量是主调函数的局部变量。

（4）在一个函数内部，可以在复合语句中定义变量，这些变量只在复合语句中有效，这种复合语句也可称为"分程序"或"程序块"。

【例 6.14】局部变量示例。

参考程序如下：

```c
#include <stdio.h>
int main（）
{
    int i=2,j=3,k;/*函数体中定义的 k*/
    k=i+j;
    {
        int k=8;          /*复合语句中的局部变量 k*/
        printf（"复合语句  k=%d\n",k）;/*局部优先，复合语句中定义的 k*/
    }
printf（"main 函数体  k=%d\n",k）;/*函数体中定义的 k*/
return 0;
}
```

运行结果如图6-26所示。

图 6-26　例 6.14 运行结果

程序运行结果分析如下。

（1）本程序在 main 函数中定义了 i,j,k 三个变量，其中 k 未赋初值。而在复合语句内又定义了一个变量 k，并赋初值为 8。

（2）应该注意这两个 k 不是同一个变量。在复合语句外由 main 函数定义的 k 起作用，而在复合语句内则由在复合语句内定义的 k 起作用。因此程序第 4 行的 k 为 main 函数所定义，其值应为 5。

（3）第 7 行输出 k 值，该行在复合语句内，由复合语句内定义的 k 起作用，其初值为 8，故输出值为 8，第 9 行输出 i，k 值。i 是在整个程序中有效的，第 7 行对 i 赋值为 3，故以输出也为 3。

（4）第 9 行已在复合语句之外，输出的 k 应为 main 函数所定义的 k，此 k 值由第 4 行已获得为 5，故输出也为 5。

6.6.2　全局变量

程序的编译单位是源程序文件，一个源程序文件可以包含一个或若干个函数。在函数内定义的变量是局部变量，而在函数外部定义的变量称为外部变量。以此类推，在函数外部定义的数组就称为外部数组。

外部变量不属于任何一个函数，其作用域是：从外部变量的定义位置开始，到本文件结束为止。外部变量可被作用域内的所有函数直接引用，所以外部变量又称全局变量。

例如：

int a,b=3; /*a,b 全局变量，作用范围到程序结束*/
int main（）
{   int i,j;   /*i,j 局部变量，作用范围仅在 main 函数中*/
    ….
      a++;   /*使用全局变量 a*/
    return 0;
}
char ch;   /*ch 全局变量，作用范围从定义处到程序结束*/
float add（float x,float y）   /*x,y 局部变量，作用范围仅在 add 函数中*/
{
    ….
    b=ch+1; /*使用全局变量 b 和 ch*/
}

其中，a，b，ch 为全局变量。

使用全局变量可以增加函数间数据联系的渠道，从函数得到一个以上的返回值，突破了函数的调用只能带回一个返回值的限制。使用全局变量可以减少函数实参与形参的个数，从而减少内存空间以及传递数据时的时间消耗。

【例 6.15】全局变量示例：输入长方体的长（l）、宽（w）、高（h），求长方体体积及正、侧、顶三个面的面积。

分析：据题意知，如果编写一个函数来完成对长方体的体积及正、侧、顶三个面的面积的计算任务，那么希望从该函数中得到 4 个结果的值，但函数调用最多只能返回一个值（设为体积 v）到主调函数，此时可以利用全局变量的作用范围的特征，将主调函数还想得到的其他三个值（三个面积 s1,s2,s3）带回到主调函数中。

参考程序如下：

```c
#include <stdio.h>
int s1,s2,s3;   /*声明全局变量 s1,s2,s3，用来传递数据*/
int main（）
{
    int vs（ int a,int b,int c）;
    int v,l,w,h;
    printf（"请输入 length,width and height\n"）;
    scanf（"%d%d%d",&l,&w,&h）;
    v=vs（l,w,h）;        /*使用全局变量获取计算结果*/
    printf（"v=%d s1=%d s2=%d s3=%d\n",v,s1,s2,s3）;
 }
int vs（int a,int b,int c）
{
    int v;
    v=a*b*c;    /*计算长方体的体积*/
    s1=a*b;     /*计算侧面积*/
    s2=b*c;
    s3=a*c;
    return（v）;      /*返回体积 v 的值*/
}
```

运行结果如图 6-27 所示。

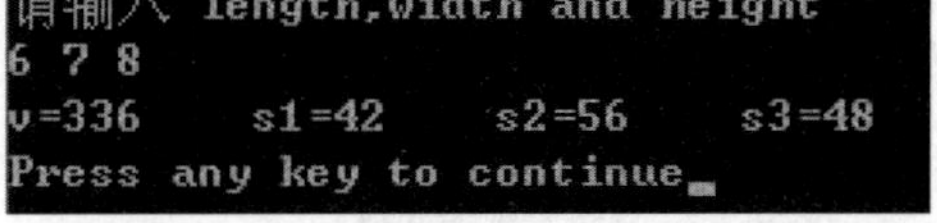

图 6-27　例运行结果

实际上，要限制使用全局变量，建议不在必要时不要使用全局变量。这是因为全局变量也会有很多缺点。

（1）全局变量的使用，使函数的移植性、通用性、可读性降低。模块化程序设计的原则要求把 C 程序中的函数看作一个封闭的整体，除了可以通过实参与形参之间传递数据以外，没有其他渠道可以令函数与外界发生联系。全局变量不符合这个原则。

（2）使用全局变量过多，会降低程序的清晰性，人们往往难以清楚地判断出每个瞬

实用 C 语言程序设计

间各个外部变量的值。在各个函数执行时都可能改变外部变量的值，因此容易产生错误。

（3）全局变量长时间占用存储单元。全局变量在程序的整个执行过程中都占用存储单元，而不是仅在需要时才分配存储单元。

如果外部变量在源程序文件开始处定义，则在整个源程序文件范围内都可以使用该外部变量，如果不在源程序文件开始处定义，按上面的规定，外部变量的作用范围只限于外部变量定义点到文件终了。

如果在外部变量定义点之前的函数想要引用该外部变量，则应该在该函数中用关键字 extern 作外部变量说明，表示该变量在函数的外部定义，这样就可以在函数内部使用它了。一般的做法是外部变量的定义放在引用它的所有函数之前，这样就避免了在这些函数中对外部变量进行说明。

外部变量定义和外部变量说明是不同的。

（1）位置和出现的次数不同。外部变量的定义只能有一次，它的位置在所有函数之外，而同一源程序文件中的外部变量的说明可以有多次，它的位置在函数之内，即在使用外部变量的函数中对该外部变量进行说明。

（2）所起的作用不同。系统根据外部变量的定义（而不根据外部变量的说明）分配存储单元。对外部变量的初始化只能在外部变量定义的时候进行，而不能在外部变量说明的时候进行。所谓外部变量说明，其作用是声明该变量是一个已在外部定义过的变量，仅仅是为了引用该变量而作的声明。

原则上，所有函数都应当对所用的外部变量用关键字 extern 进行说明，只是为简化起见，允许在外部变量的定义点之后的函数省略这个说明。

在定义全局变量时如果使用修饰词 static，表示此全局变量作用域仅限于本源文件（模块）内部。

局部变量对全局变量具有屏蔽作用。如果在同一个源程序文件中，外部变量与局部变量同名，则在局部变量的作用范围内，外部变量不起作用。作用域范围发生重叠时，作用域范围小的变量起作用，而屏蔽作用域范围大的变量。

【例 6.16】全局变量示例：外部变量与局部变量同名及外部变量的定义与声明。
参考程序如下：
```
#include <stdio.h>
int max（int ,int ）;   /*max函数原型声明*/
int b=6;               /*定义外部变量b*/
int   main（）
{
    extern a;        /*引用外部变量声明*/
    int    b=3;    /*定义局部变量，局部变量优先，屏蔽外部变量b*/
    printf（"a=%d,b=%d\n 最大值=%d\n",a,b,max（a,b））;
    return 0;
```

· 162 ·

```
    }
    /*定义max函数,局部变量跟全局变量同名，局部变量优先*/
    int max（int a,int b）/*此处声明形参为局部变量a,b*/
    ｛int c;
      c=a>b?a:b;
      return（c）；
      ｝
    int a=5;        /*定义外部变量a*/
```

运行结果如图6-28所示。

图 6-28　例 6.16 运行结果

本程序中的最后一行定义了外部变量 a，以及局部变量 b，由于外部变量定义的位置在 main 函数之后，根据外部变量的作用范围知，外部变量 a 在 main 函数中不起作用。局部变量 b 跟外部变量同名，局部变量优先。

6.6.3　变量的存储类型

变量的存储方式可分为静态存储和动态存储两种。

静态存储：变量存放于静态存储区,在程序整个运行过程中,始终占据固定的内存单元。全局变量就属于此类存储方式。

动态存储：变量存放于动态存储区,根据程序的运行状态（如函数调用）而临时分配单元,且单元并不固定。典型的例子就是函数的形参,在程序开始执行时并不给形参变量分配存储单元,只有在函数被调用时,才为形参变量分配存储单元,而当函数调用结束后立即释放形参变量所占用的存储单元。如果一个函数被多次调用,则反复地为其形参变量分配、释放存储单元。

从以上分析可知，静态存储的变量是一直存在的，而动态存储的变量则时而存在时而消失。这种由于变量存储方式不同而产生的特性称为变量的生存期。变量的生存期表示了变量存在的时间。变量的生存期和作用域是从时间和空间这两个不同的角度来描述变量的特性，这两者既有联系，又有区别。一个变量究竟属于哪一种存储方式，并不能仅从其作用域来判断，还应明确变量存储类型的说明。

在 C 语言中，对变量的存储类型的说明有以下四种。

auto　　　　　自动变量

register　　　寄存器变量

extern　　　　外部变量

static　　　　静态变量

実用 C 语言程序设计

自动变量和寄存器变量属于动态存储方式，外部变量和静态变量属于静态存储方式。在介绍了变量的存储类型之后，可以知道对一个变量的说明不仅应说明其数据类型，还应说明其存储类型。因此变量说明的完整形式应为：

存储类型说明符　数据类型说明符　变量表列；

例如：

```
static int  m , n ;              /* 说明 m，n 为静态类型变量 */
auto char ch1,ch2;               /* 说明 ch1，ch2 为自动字符变量 */
static int  ar[5]={1,2,3,4,5};   /* 说明 ar 为静整型数组 */
extern int      x1 ,y1 ;         /* 说明 x1，y1 为外部整型变量 */
```

1. 自动变量（auto）

这种存储类型是 C 语言程序中使用最广泛的一种。C 语言规定，函数内凡未加存储类型说明的变量均作为自动变量，也就是说，自动变量的声明可省去说明符 auto。在前面各章节的程序中所定义的变量凡未加存储类型说明符的都是自动变量。

例如：

```
int f（int a）              /*定义 f 函数，a 为形参*/
{
    auto int b,c=3;        /*定义 b，c 自动变量*/
    …
    }
```

在本例中，a 是形参，和变量 b、c 一样都是自动变量。执行 f 函数结束后，自动释放自动变量 a，b，c 所占的存储单元。关键字 auto 可以省略，auto 不写则默认为"自动存储类别"，属于动态存储方式。

自动变量具有以下几个特点。

（1）自动变量的作用域仅限于定义该变量的个体内。在函数中定义的自动变量，只在该函数内有效，在复合语句中定义的自动变量只在该复合语句中有效。

（2）自动变量属于动态存储方式，只有在使用它的时候，即定义该变量的函数被调用时，才给它分配存储单元，开始它的生存期。函数调用结束，释放存储单元，结束生存期。因此函数调用结束之后，自动变量的值不能保留。在复合语句中定义的自动变量，在退出复合语句后也不能再使用，否则将引起错误。

（3）由于自动变量的作用域和生存期都局限于定义它的个体内（函数或复合语句内），因此不同的个体中允许使用同名的变量而不会混淆。即使在函数内定义的自动变量也可与该函数内部的复合语句中定义的自动变量同名。

2. 用 static 声明局部变量

有时希望函数中的局部变量的值在函数调用结束后不消失而保留原值，这时就应该指定该局部变量为"静态局部变量"，用关键字 static 进行声明。

【例 6.17】静态局部变量的使用：求 1 到 5 的阶乘值。

分析：可以使用静态变量，每一次调用 fac（i），打印一个 i!，同时保留这个 i!的值以便下次再乘（i+1）。

参考程序如下：

```
#include <stdio.h>
int main  ()
{
    int fac  (int n);
    int i;
        for  (i=1; i<=5; i++)
            printf  ("%d!=%d\n", i, fac (i));
             return 0;
}
int fac  (int n)
{
    static int f=1;        /*静态变量定义*/
    f=f*n;
    return（f）;          /*返回时不释放f*/
}
```

运行结果如图6-29所示。

```
1!=1
2!=2
3!=6
4!=24
5!=120
Press any key to continue
```

图 6-29　例 6.17 运行结果

对于静态局部变量的说明如下。

（1）静态局部变量属于静态存储类别。在程序整个运行期间都不释放存储单元。而自动变量（即动态局部变量）属于动态存储类别，函数调用结束后立即释放存储单元。

（2）静态局部变量在编译时赋初值，即只赋初值一次；而对自动变量赋初值是在函数调用时进行的，每调用一次函数重新赋初值一次。

（3）如果在定义局部变量时不赋初值，则对静态局部变量来说，编译时自动将其赋初值为 0（对数值型变量）或空字符（对字符型变量）。而对自动变量来说，如果不对其赋初值，则它的值是一个不确定的值。

3．寄存器变量（register）

上述各类变量都存放在存储器内，因此当对一个变量频繁读写时，必须要反复访问内存储器，因而花费大量的存取时间。为此，C 语言提供了另一种变量，即寄存器变量。这种变量存放在 CPU 的寄存器中，使用时，不需要访问内存，而直接从寄存器中读写，这样可提高存取效率。寄存器变量的说明符是 register。对于循环次数较多的循环控制变量及循环体内反复使用的变量均可定义为寄存器变量。

对寄存器变量还要说明以下几点。

（1）只有局部自动变量和形式参数才可以定义为寄存器变量。因为寄存器变量属于动态存储方式，凡需要采用静态存储方式的变量都不能定义为寄存器变量。

（2）由于计算机系统中寄存器的个数是有限的，因此使用寄存器变量的个数也是有限的。目前的优化编译系统能够识别使用频繁的变量，从而自动地将这些变量放在寄存器中，而不需要程序设计者指定。因此，实际上用 register 声明变量是不必要的。

4．全局变量及其存储类型

前面讲过，在函数外部定义的变量称为全局变量，全局变量就是外部变量（或称全程变量），全局变量的作用域是其定义点之后的程序部分。全局变量定义点之后的程序部分为全局变量的作用域。在程序运行之时，编译程序首先为全局变量分配存储单元，直到程序运行结束才释放。

全局变量的存储类型可以有外部的（extern）和静态的（static）两种。

没有说明为 static 的全局变量，其存储类型都是外部的，统称为外部变量。

如果在同一个源程序文件中，全局变量的定义位于使用它的函数之后，可以在要使用该全局变量的函数中用 extern 来说明该变量是外部的，然后再使用该变量。

使用 extern 来说明变量的存储类型时需要注意以下几点。

（1）extern 只能用来说明变量，而不能用来定义变量，它只是说明其后的变量是已经在程序的其他地方定义的外部变量。

（2）由于 extern 只能说明变量而不能定义变量，因此，不能用 extern 来初始化变量。

例如：

    extern int x＝100;

是错误的。

外部变量的定义技术的应用使变量的应用范围扩大了，只要利用说明符进行说明，在组成一个程序的所有文件中都可以使用在程序中定义的外部变量。

一个大型的 C 程序可由多个源程序文件组成，这些源程序文件经过分别编译之后，通过连接程序最终连接成一个可执行的文件。如果其中一个源程序文件要引用另一个源程序文件中定义的外部变量，就应该在需要引用此变量的源程序文件中，用 extern 说明符把此变量说明为外部变量。这种说明一般应在源程序文件的开始处且位于所有函数的外面。

再次强调以下几点。

（1）全局变量一经定义，系统就为其分配固定的存储单元，由于它与函数内定义的变量无关，因此，不会因为某个函数的返回而释放全局变量所占用的存储单元。

（2）凡在函数外部定义的全局变量，按缺省规则可以不写说明符 extern，但在函数体内说明其后所定义的全局变量时，一定要冠以 extern 说明符。

（3）全局变量的作用域是其定义点之后的程序部分，若在全局变量定义之前的函数中引用它，或在同属一个程序系统中的其他源程序文件中引用它，则只需在相应的函数或源程序文件中用 extern 说明它。

（4）由于通过函数的 return 语句只能返回一个函数值，同时非数组名作为函数参数时采用"值传递"方式，这样，要想在函数之间传递大量的数据，一般来讲就只能利用全局变量或数组参数。

（5）所有全局变量都是静态存储方式，其默认的初值为 0（对于数值型变量）或空字符（对于字符型变量）。

如果希望在一个源程序文件中定义的全局变量的作用域仅局限于此源程序文件，而不能被其他源程序文件所访问，则可以在定义此全局变量的数据类型说明符的前面使用 static 关键字作为存储类型说明符。

例如：

static float f;

此时，全局变量 f 被称为静态外部变量（或称为外部静态变量），它的作用范围是从定义它的位置开始到该源程序文件结束，在其他源程序文件中，即使使用了 extern 说明，也无法使用该变量。

6.7　内部函数和外部函数

函数本身在一个文件中为全局的。即一个文件中定义的函数可被该文件的所有其他函数引用。但函数能否被其他文件中的函数所引用呢？

根据函数能否被其他源文件调用，可以将函数分为内部函数与外部函数。

6.7.1　内部函数

如果在一个源文件中定义的函数，只能被本文件中的函数调用，而不能被同一程序其他文件中的函数调用，这种函数称为内部函数。

定义一个内部函数，只需在函数类型前再加一个关键字 static 即可，如下所示：

static　函数类型函数名（函数参数表）

　　　{…}/*函数体*/

例如：

static int max （int a,int b）

　　{…}

关键字 static，译成中文就是"静态的"，所以内部函数又称静态函数。但此处 static 的含义不是指存储方式，而是指对函数的作用域仅局限于本文件。

使用内部函数的好处是：不同的人编写不同的函数时，不用担心自己定义的函数会与其他文件中的函数同名，因为在不同的源文件中定义同名的静态函数不会引起混淆。

6.7.2　外部函数

在定义函数时，如果在函数名前加上关键字 estern，则表示该函数是外部函数。

其定义的一般形式为：

extern　类型说明符　函数名（形参表）

　　{…}/*函数体*/

例如：

extern int min（int a,int b）

　　{…}

外部函数在整个源程序中都有效，它可以被其他文件调用。

如果在定义函数时没有说明 extern 或 static，则隐含为 extern，即默认为外部函数。

例如，前面曾有如下函数定义：

int max_integer　（int x, int y）

{…}

long power（int n）

{…}

虽然在定义时没有用 extern 说明，但实际上就是外部函数，它们可以被另一个源程序文件的函数调用。

外部函数应用举例：在一个源文件的函数中调用其他源文件中定义的外部函数时，应用 extern 说明被调函数为外部函数。有多个 C 语言独立文件如下。

（1）文件"mainf.c"

main（）

{

　　/*声明引用外部函数，来自于其他文件*/

　　extern input（…）,process（…）,output（…）；

　　input（…）；　　　　/*调用来自于"subf1.c"文件的函数*/

　　process（…）；　　　/*调用来自于"subf2.c"文件的函数*/

　　output（…）；　　　 /*调用来自于"subf3.c"文件的函数*/

}

（2）文件"subf1.c"

…

extern void input（…） /*定义外部函数*/

{…}

（3）文件"subf2.c"

…

extern void process（…） /*定义外部函数*/

{…}

（4）文件"subf3.c"

…

extern void output（…） /*定义外部函数*/

{…}

6.8　编译预处理

所谓预处理是指在进行编译的第一遍扫描(词法扫描和语法分析)之前所做的工作。预处理是 C 语言的一个重要功能，它由预处理程序负责完成。当对一个源文件进行编译时，系统将自动引用预处理程序对源程序中的预处理部分进行处理，处理完毕自动进入对源程序的编译。

在本书前面的很多例子中，已多次使用过以"#"号开头的预处理命令。如包含命令#include，宏定义命令#define 等。在源程序中这些命令都放在函数之外，而且一般都放在源文件的前面，它们被称为预处理部分。

6.8.1　宏定义

宏定义就是用标识符来代表一个字符串，即给字符串取个名字。C 语言用#define 进行宏定义。C 编译系统在编译前将这些标识符替换成所定义的字符串。

C 语言的宏定义有不带参数的宏定义和带参数的宏定义两种形式。

1．不带参数的宏定义

它的一般形式为：#define 标识符 字符串

其中，标识符称为宏名。

宏名通常可用大写字母表示，以便与程序中的其他变量名相区别。字符串也称宏体，外面不加双引号，这与前面讲的字符串常量不同。各部分之间用空格分开，最后以换行结束。

例如：

```
#define    TRUE   1
#define    FALSE 0
#define    PI    3.1415926
```

经过以上宏定义后，在编译预处理时，每当在源程序中遇到 TURE 和 FALSE 就自动用 1 和 0 代替，而所有的 PI 都用 3.1415926 代替。这种在编译预处理时将字符串替换为宏名的过程称为宏替换或宏展开。而在程序中用宏名替代字符串的过程称为宏调用。

使用不带参数的宏定义时要注意以下几点。

（1）宏名遵循标识符规定，习惯用大写字母表示，以便区别于普通的变量。

（2）#和 define 之间不留空格，宏名两侧用空格（至少一个）分隔。

（3）由于宏定义不是 C 语句，所以在其行末不必使用分号，否则分号也作为字符串的一部分进行置换。

例如：

`#define PI 3.14;`

程序中若有表达式"s=PI*r*r"，则替换后表达式将成为"s=3.14;*r*r"。这将导致编译错误。

（4）宏定义用宏名代替一个字符串，并不管它的数据类型是什么，也不管宏展开后的词法和语法的正确性，只是简单地替换。至于是否正确，编译时由编译器判断。

（5）#define 宏定义宏名的作用范围从定义命令开始直到本源程序文件结束。可以通过#undef 终止宏名的作用域。

#undef 命令的一般形式为：

`#undef   标识符`

此命令用来删除先前所定义的宏定义。

（6）宏定义中，可以出现已经定义的宏名，还可以层层置换。

【例 6.18】不带参数的宏定义示例。

参考程序如下：

```
#include <stdio.h>
#define PI 3.14      /*定义符号常量*/
#define R 3.0        /*定义符号常量*/
#define L 2*PI*R    /* 相当于"#define L    2*3.14*3.0" */
#define S PI*R*R    /* 相当于"#define S    3.14*3.0*3.0" */
int    main（）
{
     printf（"L=%f,S=%f\n",L,S）;
     return 0;
}
```

运行结果如图 6-30 所示。

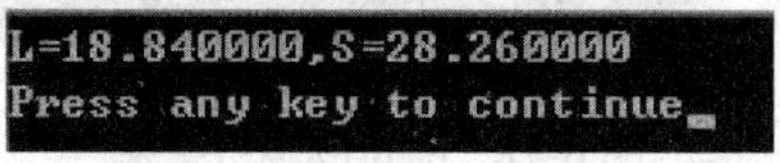

```
L=18.840000,S=28.260000
Press any key to continue_
```

图 6-30 例 6.18 运行结果

（7）宏名出现在双引号括起来的字符串中时，将不会产生宏替换。比如，上例中语句 printf 中的 L 和 S，在双引号内的不发生宏替换，在双引号外的才发生替换。

（8）宏定义是预处理指令，与定义变量不同，它只是进行简单的字符串替换，不分配内存。

通常在程序中使用宏定义，即把常量用有意义的符号代替，不但可以使程序更加清晰，容易理解，而且当常量值改变时，不需要在整个程序中查找、修改，只要改变宏定义就可以。

2. 带参数宏的定义

带参数宏的定义不只是进行简单的字符串替换，还要进行参数替换。

它的一般形式为：

#define 宏名（参数表） 字符串

带参数的宏定义的格式类似于函数头，不同之处在于它没有类型说明，参数也不要类型说明。

例如：

#define S（a,b） a*b

其中，S 为宏名，a 和 b 是形式参数。当程序调用 S（3,2）时，用实参 3 和 2 分别代替形参 a 和 b。如果源程序中有以下赋值语句：

area=S（3,2）;

则经宏展开后，相当于：

area=3*2;

【例 6.19】带参数的宏定义示例：表示两数中的较大数。

参考程序如下：

```c
#include <stdio.h>
#define MAX（a,b）（a>b）?a:b   /*带参数宏 MAX 定义*/
int main（）
{    int i=125,j=220;
     /*宏展开后 a,b 用 i,j 替换，相当于 "printf（"MAX=%d\n",（i>j）?i:j）;" */
     printf（"MAX=%d\n",MAX（i,j））;
     return 0;
}
```

运行结果如图 6-31 所示。

```
MAX=220
Press any key to continue
```

图 6-31　例 6.19 运行结果

使用带参数的宏定义编写程序时，要注意以下几点。

（1）在宏定义中名字和左圆括号之间不能有空格。有空格就变成了不带参数的宏定义。例如，在下面的宏定义中：

#define S（a,b）a*b

若在 S 和括号之间出现了空格，则成为：

#define S （a,b）a*b

表示用（a,b）a*b 替换 S。

（2）正因为带参数宏定义本质还是简单字符替换，所以容易发生错误。为了避免出错，建议将宏定义"字符串"中的所有形参用括号括起来。这样用实参替换时，实参就被括号括起来作为一个整体，否则经过宏展开后，有可能出现意想不到的错误。

例如：

#define S （a,b）a*b

如果在程序中有以下赋值语句：

area=S（a+b,c+d）;

则经过宏展开后，将变为如下的形式：

area=a+b*c+d;

这明显不符合宏定义的初意。如果把宏定义的字符串中的形参用括号括起来，改为：

#define S （a,b）（a）*（b）

此时经宏展开后，得到：

area=（a+b）*（c+d）;

这就符合我们的意图了。

带参数的宏定义在程序中使用时，虽然形式及特性与函数相似，但本质完全不同，区别在下面几个方面。

①函数调用，在程序运行时，先求表达式的值，然后将值传递给形参；带参数的宏展开只在编译时进行的简单字符置换。

②函数调用是在程序运行时处理的，在堆栈中给形参分配临时的内存单元；宏展开是在编译时进行，展开时不可能给形参分配内存，也不进行值传递，也没有返回值。

③函数的形参要定义类型，且要求形参、实参类型一致。宏不存在参数类型问题。

例如：程序中可以是"MAX（3,5）"也可以是"MAX（3.4,9.2）"。

许多问题既可以用函数也可以用带参数的宏定义来解决，它们的不同之处在于，宏占用的是编译时间，而函数调用占用的是运行时间。在多次调用时，宏使得程序变长，而函数调用则不明显。

6.8.2 文件包含

文件包含命令的功能是把指定的文件插入该命令行位置取代该命令行，从而把指定的文件和当前的源程序文件连成一个源文件。

文件包含处理命令的格式：

#include   "包含文件名"

或

#include   <包含文件名>

在前面我们已多次用此命令包含过库函数的头文件。例如：

#include "stdio.h"

#include <math.h>

两种格式的区别仅在于以下几点。

（1）使用双引号：系统首先到当前目录下查找被包含文件，如果没找到，再到系统指定的"包含文件目录"（由用户在配置环境时设置）去查找。

（2）使用尖括号：直接到系统指定的"包含文件目录"去查找。一般地说，使用双引号比较保险。

在程序设计中，文件包含是很有用的。其优点为：一个大程序，通常分为多个模块，并由多个程序员分别编程。有了文件包含处理功能，就可以将多个模块共用的数据（如符号常量和数据结构）或函数，集中到一个单独的文件中。这样，凡是要使用其中数据或调用其中函数的程序员，只要使用文件包含处理功能，将所需文件包含进来即可，不必再重复定义它们，从而减少重复劳动。

对文件包含命令还要说明以下几点。

（1）编译预处理时，预处理程序将查找指定的被包含文件，并将其复制到#include命令出现的位置上。

（2）常用在文件头部的被包含文件，称为"标题文件"或"头部文件"，常以"h"（head）作为后缀，简称头文件。在头文件中，除可包含宏定义外，还可包含外部变量定义、结构类型定义等。

（3）一条包含命令，只能指定一个被包含文件。如果要包含 n 个文件，则要用 n 条包含命令。

（4）文件包含可以嵌套，即被包含文件中又包含另一个文件。

6.8.3 条件编译

条件编译可有效地提高程序的可移植性，并广泛地应用在商业软件中，为一个程序提供各种不同的版本。

条件编译有以下三种形式。

实用 C 语言程序设计

1. 第一种形式

```
#ifdef   标识符
    程序段 1
  #else
      程序段 2
  #endif
```

其作用是：如果标识符已被#define 命令定义过则对程序段 1 进行编译，否则对程序段 2 进行编译。

例如：

输入源程序如下：
```
# define FLOAT
void main()
{
#ifdef   FLOAT
    float a;
    scanf("%f",&a);
    printf("a=%f\n ", a);
#else
    int   a;
    scanf("%d",&a);
    printf("a=%d\n", a);
#endif
```

预编译后的新源程序为：
```
void main()
{
    float a;
    scanf("%f",&a);
    printf("a=%f\n ", a);
}
```

2. 第二种形式

```
#ifndef 标识符
    程序段 1
    #else
      程序段 2
    #endif
```

与第一种形式的区别是将"ifdef"改为"ifndef"。

其作用是：如果标识符未被#define 命令定义过则对程序段 1 进行编译，否则对程序段 2 进行编译。这与第一种形式的功能正相反。

例如：

输入的源程序如下：

```
#define FLOAT
void main()
{
#ifndef   FLOAT
    int   a;
    scanf("%d",&a);
    printf("a=%d\n" a);
#else
    float a;
    scanf("%f",&a);
    printf("a=%f\n", a);
#endif
```

预编译后的新源程序为：

```
void main()
{
    float a;
    scanf("%f",&a);
    printf("a=%f\n", a);
}
```

3. 第三种形式

```
#if 常量表达式
    程序段 1
    #else
        程序段 2
    #endif
```

其作用是：如果常量表达式的值为真（非 0），则对程序段 1 进行编译，否则对程序段 2 进行编译。它可以使程序在不同条件下完成不同的功能。

例如：

输入的源程序如下：

```
#define ABC   3
void main()
{#if ABC>0
    int a=1;
    printf("a=%d\n", a);
#else
    int b=0;
    printf("b=%d\n", b);
#endif
}
```

预编译后的新源程序为：

```
void main()
{
    int a=1;
    printf("a=%d\n", a);
}
```

条件编译允许只编译源程序中满足条件的程序段，使生成的目标程序较短，从而减少内存的开销，提高程序的执行效率。

第 7 章　指　针

本章知识点

➤ 指针的概念，指针数据类型，指针变量的定义、初始化和引用
➤ 用指针变量作为函数参数、传地址的调用
➤ 指针数组
➤ 函数指针

重点与难点

⟳ 对指针概念的理解
⟳ 变量的指针和指向变量的指针变量
⟳ 指针变量与简单变量作为函数参数的本质区别
⟳ 数组的指针和指向数组的指针变量
⟳ 函数的指针和指向函数的指针变量
⟳ 字符(串)指针变量与字符数组
⟳ 返回指针值的函数
⟳ 指针数组和指向指针的指针

　　指针是 C 语言提供的一种特殊而又非常重要的数据类型，是 C 语言的灵魂与精华。在 C 语言程序设计中，利用指针可以直接对内存中各种不同结构的数据进行快速处理，同时也为函数间各类数据的传递提供了便捷的方法。正确而灵活地运用指针，可编写出精练、紧凑、功能强大而执行效率高的程序。每一个学习和使用 C 语言的人，都应当深入地学习和掌握指针。可以说，没有掌握指针就是没有掌握 C 的精华，而能正确理解和灵活使用指针是掌握 C 语言的一个最重要的标志。

　　指针是 C 语言中最为困难的一部分，但只要在学习中正确理解基本概念，多编程、多上机、多讨论与多思考，是能较好地掌握它的。

　　学习本章后将学会利用指针来操作数据，利用指针来作为函数参数等，真正体会到 C 语言的特色与奥妙。

7.1　指针的基本概念

　　在计算机的内存储器中，拥有大量的存储单元。一般情况下，存储单元是以字节为

单位进行管理的。为了区分内存中的每一个字节，就需要对每一个内存单元进行编号，且每个存储单元都有一个唯一的编号，这个编号就是存储单元的"地址"，称为内存地址。这样，当需要存放数据时，在地址所标识的存储单元中存放数据；当需要读取数据时，根据内存单元的编号或地址就可以找到所需的内存单元。

显然内存单元的地址和内存单元的内容是两个不同的概念。可以用一个通俗的例子来说明它们之间的关系。在银行存取款时，银行工作人员根据帐号去找存单，找到之后在存单上写入存款、取款的金额。在这里，存单类似于存储单元，帐号就是存单的地址，存款数是存单的内容。

根据内存地址就可以准确定位到对应的内存单元，因此，内存地址通常也称为指针。对于一个内存单元来说，内存单元的地址即为指针，内存单元中存放的数据就是该内存单元的内容。在 C 语言中，每种数据类型的数据（变量或数组元素）都占用一段连续的内存单元。该数据的地址或指针就是指该数据对应存储单元的首地址。

7.2　变量与指针

当定义一个变量时，系统为变量分配存储单元，不同类型的数据在存储器中所占用的内存单元数不等，如字符型数据占用 1 个字节的内存单元，单精度类型数据占 4 个字节的内存单元等。系统分配给变量的内存单元的起始地址就是变量的地址，也就是变量的"指针"。例如有定义"float a=100;"，由于变量 a 的数据类型为 float，则系统为变量 a 分配 4 个字节的存储单元，并将存储单元的内容修改为 100，即进行变量的初始化，如图 7-1 所示。

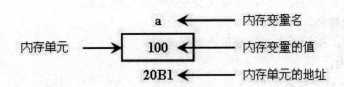

图 7-1　变量与内存单元

那么，要访问变量时，可以像前面章节中那样直接使用变量名，这种方式称为"直接访问"方式。例如有如下变量定义：

int　i,j;

则可直接访问变量 i 和 j，如

i=3

j = i+3 ;

"间接访问"方式是将变量的地址存放在另一个变量中，这类变量是专门存放地址的，称为指针变量（有时也称为地址变量）。通过指针变量中保存的内存地址，对对应的内存单元进行数据存取。假设程序中定义了 3 个整型变量 i,j,k，在程序编译时，系统可能分配地址为 2000～2001 的 2 个字节给变量 i,2002～2003 的 2 个字节给变量 j，2004～

2005 的 2 个字节给变量 k。若有指针变量 i_pointer，内容为变量 i 的内存地址，即 2000，则称指针变量 i_pointer 指向变量 i，或者说 i_pointer 是指向变量 i 的指针，如图 7-2 所示。此时可用变量 i_pointer 来间接使用变量 i。

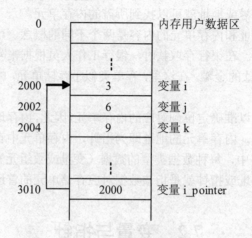

图 7-2　指针变量指向变量

7.2.1　指针变量的定义

指针就是内存单元的地址，也就是内存单元的编号，因此指针是一种数据，那么在 C 语言中，可以用一个变量来存放这种数据，这种变量称为指针变量。因此，一个指针变量的值就是某个内存单元的地址或称为某个内存单元的指针。和其他变量一样，指针变量在使用之前必须先定义。对指针变量的定义包括三个内容。

（1）指针类型说明符"*"，即定义变量为一个指针变量。

（2）指针变量名。

（3）基类型，指针所指向的变量的数据类型。

其一般形式为：

类型说明符　*　变量名；

其中，"*"表示这是一个指针变量，变量名即为定义的指针变量名，类型说明符，即基类型，表示本指针变量所指向变量的数据类型。例如：

int　　*p1；

表示 p1 是一个指针变量，指针变量 p1 可以用来保存某个整型变量的地址。正确的读法为"p1 是一个指向整型变量的指针变量"或"p1 为整型指针变量"。至于 p1 究竟指向哪一个整型变量，应由向 p1 赋予的地址来决定。

再如：

char　　*p2；　　　　/* p2 是指向字符型变量的指针变量 */

float　　*p3；　　　　/* p3 是指向单精度类型变量的指针变量 */

double　　*p4；　　　　/* p4 是指向双精度类型变量的指针变量 */

7.2.2　指针变量的引用

指针变量同普通变量一样,使用之前不仅要定义说明,而且必须赋予具体的值。未经赋值的指针变量不能使用,否则将造成系统混乱。指针变量的赋值只能被赋予一个内存地址,决不能赋予其他数据,否则将引起错误。在 C 语言中,变量的地址是由编译系统分配的,对用户完全透明,可通过相应的运算符来获得变量的地址。

关于指针类型的数据,有两个相关的运算符。

1．取地址运算符"&"

取地址运算符"&"是一个单目运算符,其结合性为自右至左,其功能是取得变量的地址。在前面介绍的 scanf 函数中,已经了解并使用了"&"运算符。其一般形式为:

&变量名

例如:&i 表示变量 i 的地址,&j 表示变量 j 的地址。变量本身必须预先说明。

例如,假定有定义语句

Int k, *p;

那么,可以有以下语句:

p = &k;

或

char　k, *p=&k ;

把变量 k 的地址赋值给指针变量 p,此时指针变量 p 指向整型变量 k,假设变量 k 的地址为 2004。

2．指针运算符"*"

指针运算符"*"是一个单目运算符,通常称为"间接访问运算符"或"引用运算符",其结合性为自右至左,用来表示该指针所指的变量。在"*"运算符之后的操作对象必须是指针类型的数据,如指针变量名。例如,有这样的定义及语句:

intk, *p = &k ;

x = *p;

运算符"*"访问以 p 为地址的存储单元,而 p 中存放的是变量 k 的地址(假设为 2004),因此,*p 访问的是地址为 2004 开始的存储单元,也就是变量 k 所占用的存储单元,所以上面的赋值语句等价于

x = k;

实际上,取地址运算符"&"与指针运算符"*"是一对逆运算符。

若有以下变量定义:

int a, *p=&a ;

则整型指针变量 p 保存整型变量 a 的地址,即指针变量 p 指向整型变量 a。此时,*p 与 a 等价,同样 p 与&a 等价。

那么,试分析如下表达式,哪些是正确的,哪些是错误的?若正确,则说明表达式的含义,若错误,则说明为什么。

实用 C 语言程序设计

（1）&*p　　　　（2）&*a　　　　（3）*&a　　　　（4）*&p

对于表达式&*p，运算符"&"和"*"的优先级相同，但结合性是右结合，所以先进行*p 运算，即表示变量 a，再进行&运算，即表示变量 a 的地址。因此，表达式&*p 与 p 等价，也与&a 等价。

对于表达式&*a 是先进行*a 运算，由于 a 为整型变量，而非指针变量，所以对整型变量 a 进行*运算不符合 C 语言语法规则，故表达式&*a 为非法表示。

对于表达式*&a 和表达式*&p，请读者自己进行分析判断。

设有指向整型变量的指针变量 p，那么，如果要把整型变量 a 的地址赋值给指针变量 p 可以有以下两种方式：

（1）指针变量初始化的方法

int a ;

int *p = &a ;　　　　　/* 定义 p 为整型指针变量，初始化保存整型变量 a 的地址 */

（2）赋值语句的方法

int a ;

int *p ;　　　　　　　/* 定义 p 为整型指针变量 */

p = &a ;　　　　　　　/* 整型指针变量 p 赋值为整型变量 a 的地址 */

注意在上面的示例中，"*"出现在不同的位置，其含义不同。若出现在变量声明中，则"*"是类型说明符，表示其后的变量 p 是指针类型；若出现在执行语句中，则"*"为指针运算符，表示指针变量所指的变量。

在使用指针变量时，需要注意以下几点。

（1）只能将一个变量的地址赋值给与其数据类型相同的指针变量。也就是说，要使一个指针变量保存某个变量的地址时，要保证变量的数据类型与指针变量的基类型一致。

例如：

int a , *p ;

p = &a ;

把整型变量 a 的地址赋值给整型指针变量 p。变量 a 的数据类型 int 与指针变量的基类型 int 一致。而下面的写法是错误的。

char c ;

int *p ;

p = &c ;

（2）可以将一个指针变量的值赋值给指向相同类型变量的另一个指针变量。

例如：

int a ;

int *pa , *pb ;

pa = &a ;

pb = pa ;

由于 pa，pb 均为指向整型变量的指针变量，因此可以相互赋值。

（3）只能对指针变量赋值为变量的地址，而不能赋值为表达式的地址。如下面的写法是错误的。

int a = 2 , b = 3 ;

int　*p ;

p = &(a+b) ;

（4）不允许把一个整数赋值给指针变量，两者数据类型不同。因此下面的赋值是错误的。

int　*p ;

p = 1000 ;

【例 7.1】通过指针变量访问变量（间接访问变量）。

参考程序如下：

```
#include "stdio.h"
int   main()
{
    int   a, b, c, *p ;                     /* 定义 p 为整型指针变量 */
        printf ("input three numbers:\n");
        scanf ("%d%d%d",&a,&b,&c);
        p=&a;                               /* 判断并并使 p 指向值最大的变量 */
        if ( b>*p)   p=&b;                   /* 变量 b 与 p 指向的数据进行比较*/
        if ( c>*p)   p=&c;                   /* 变量 c 与 p 指向的数据进行比较*/
        printf("max=%d\n", *p ) ;           /* 间接访问 p 所指向的变量 */
return 0;

}
```

运行结果如图 7-3 所示。

```
input three numbers:
12 87 64
max=87
Press any key to continue
```

图 7-3　例 7.1 运行结果

7.2.3　指针变量作为函数参数

函数的参数不仅可以是整型、实型、字符型等数据，还可以是指针类型的数据。函数调用时，实参变量和形参变量之间的数据传递是单向的，指针变量作为函数参数也要遵守这一规则。所以函数调用不能改变实参指针变量的值，但是可以改变实参指针变量所指向的内存单元的内容，即目标变量的值。这正是指针变量作为函数参数的优势。函数调用本身仅可以得到一个返回值（即函数值），而运用了指针变量作函数参数，就可以通过对形参指针所指向的内存单元（即实参指针变量所指向的目标变量）的操作，或者说，通过间接访问的形式改变主调函数中数据的值。从而使主调函数得到多个运算结果，这种参数传递称为地址传递方式，属于双向传递。

【例 7.2】编写程序用函数调用方式实现两个变量值的交换。

参考程序 1：

```
#include<stdio.h>
intmain()
{
    void swap(int x,int y);
    int a, b;
    a = 5;
    b = 9;
    printf("Before    swap: a=%d,b=%d\n",a,b);
swap(a, b);
    printf("After    swap: a=%d,b=%d\n",a,b);
    return 0;
}
void   swap( int   x,   int   y )
{
    int   t ;
    t = x ;    x = y ;    y = t ;
}
```

运行结果如图 7-4 所示。

```
Before swap: a=5,b=9
After swap: a=5,b=9
```

图 7-4 例 7.2 程序运行结果

说明：函数 swap（int x, int y）采用了传值调用方式，是单向传递。实参变量(a, b)和形参变量(x, y)分别占用不同的存储单元，改变形参变量(x, y)的值不会影响实参变量(a, b)的值。故该函数不能实现两个变量值的交换，如图 7-5 所示。

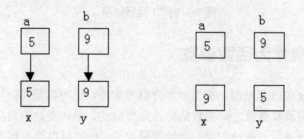

图 7-5 实参变量和形参变量的值的改变

参考程序 2：

```
#include<stdio.h>
int main()
{
```

```
        void swap(int *p1, int *p2);
        int a, b,*pointer_1,*pointer_2;
        a = 5;
        b = 9;
        pointer_1=&a;
        pointer_2=&b;
        printf("Before    swap: a=%d,b=%d\n",a,b);
swap(pointer_1, pointer_2);
        printf("After    swap: a=%d,b=%d\n",a,b);
        return 0;
}
void    swap( int *p1 , int *p2 )
{
int   t ;
t = *p1 ; *p1 = *p2 ;    *p2 = t ;
}
```

运行结果如图 7-6 所示。

```
Berofe swap: a=5,b=9
Afrer swap: a=9,b=5
```

图 7-6 例 7.2 参考程序 2 程序运行结果

说明：函数 swap（int *p1, int *p2）采用了传地址调用方式，是双向传递。通过改变形参指针变量所指向的存储单元（即主调函数中的变量 a,b）的值，影响主调函数中变量的值。故该函数能实现两个变量值的交换，如图 7-7 所示。

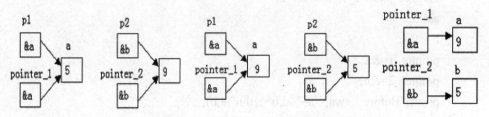

图 7-7 实参指针变量和形参指针变量的值的变化

参考程序 3：

```
#include<stdio.h>
main()
{
        void swap(int *p1, int *p2);
        int a, b,*pointer_1,*pointer_2;
        a = 5;
        b = 9;
```

```
        pointer_1=&a;
        pointer_2=&b;
        printf("Before  swap: a=%d,b=%d\n",a,b);
swap(pointer_1, pointer_2);
        printf("After   swap: a=%d,b=%d\n",a,b);
        return 0;
}
void   swap( int *p1 ,  int *p2 )
{
        int   *t ;
 *t = *p1 ;    *p1 = *p2 ;    *p2 = *t ;
}
```

程序无法正常运行，提示"出现了一个问题，导致程序停止正常工作"。

说明：函数 swap（int *p1, int *p2）同样采用了传地址调用方式。理论上能实现两个变量值的交换。但是，该函数中引用了指针变量 t 所指向的存储单元作为中间变量，而指针变量 t 未进行初始化，那么 t 的值为随机值，若 t 指向系统区，改变 t 所指向存储单元的值，有可能造成系统混乱。因此，函数 swap 的设计是不可取的，指针变量 t 在使用前必须赋值。

参考程序 4：

```
#include<stdio.h>
int main()
{
        void swap(int *p1, int *p2);
        int a, b,*pointer_1,*pointer_2;
        a = 5;
        b = 9;
        pointer_1=&a;
        pointer_2=&b;
        printf("Before  swap: a=%d,b=%d\n",a,b);
swap(pointer_1, pointer_2);
        printf("After   swap: a=%d,b=%d\n",a,b);
        return 0;
}
void   swap( int *p1 ,  int *p2 )
{
        int   *t ;
        t = p1 ;   p1 = p2 ;   p2 = t ;
}
```

运行结果如图 7-8 所示。

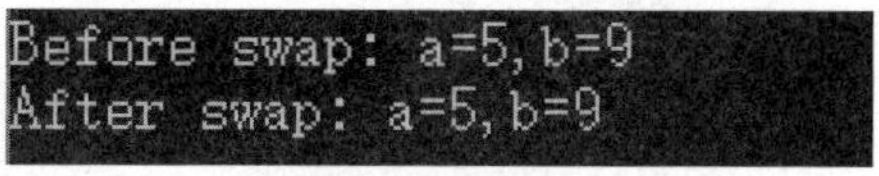

Before swap: a=5, b=9
After swap: a=5, b=9

图 7-8　例 7.2 参考程序 4 程序运行结果

说明：函数 swap（int *p1, int *p2）也采用了传地址调用方式。但是，在该函数中交换的是两个形参指针变量的值，即交换了两个形参指针变量的指向，如图 7-9（c）所示，而不是两个指针形参变量所指向的存储单元的值，因此不能影响主调函数中变量（a, b）的值。故该函数不能实现两个变量值的交换，如图 7-9 所示。

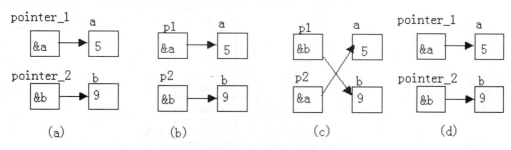

图 7-9　实参指针变量和形参指针变量的值的变化

7.3　一维数组与指针

一个变量的地址是它所占内存单元的起始地址，一个数组包含若干元素，每个数组元素都在内存中占用存储单元，它们都有相应的地址。所谓数组的指针是指数组在内存中的起始地址，数组元素的指针是数组元素在内存中的起始地址。

7.3.1　指向一维数组元素的指针变量的定义与赋值

定义一个指向数组元素的指针变量的方法，与以前介绍的指向变量的指针变量相同。例如：

```
int   a[10] ;        /* 定义 a 为包含 10 个整型数据的数组 */
int   *p ;           /* 定义 p 为指向整型变量的指针 */
```

应当注意，因为数组为 int 型，所以指针变量也应为指向 int 型的指针变量。下面是对指针变量赋值：

```
p = &a[3] ;
```

把 a[3]元素的地址赋值给指针变量 p。也就是说，p 指向 a 数组的第 3 号元素。

注意：C 语言规定，数组名就是数组的指针，数组名表示数组在内存中的起始地址（对于一维数组而言，就是 0 号元素的内存地址），它在程序中是不可变的，所以数组名是指针常量。此时，可以用数组名给指针变量赋值。若有定义：

```
int   a[10], *p ;
```

则下面两条语句等价：

p = a ;

p = &a[0] ;

其作用如图 7-10 所示。

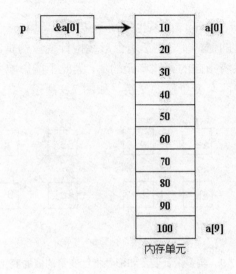

图 7-10　指针变量指向数组

同样，在定义指针变量时可以进行初始化。

int　a[10] , *p = &a[0] ;

或

int　a[10] , *p = a ;

注意：在这里应该先定义数组，然后定义指针变量并进行初始化。在编译时，系统先为数组分配内存单元，而后才能引用其元素的地址作为指针变量的初始化值。

7.3.2　指向一维数组的指针的相关运算

当指针变量指向数组后，对指针可以进行某些算术和关系运算。

1．指针变量和整数的算术运算

在 C 语言中规定：如果指针变量 p 已指向数组中的某个元素，则表达式 p+1 表示指针变量 p 所指元素的下一个元素的地址。那么，以此可以进一步得出如下结论，假定若有如下定义及语句（其中 n 为一个正整数）：

int　a[10], *p;

p = &a[5] ;

（1）表达式 p+n 表示指针变量 p 所指元素后面第 n 个元素的地址。例如 p+2 表示数组元素 a[7]的地址。

（2）表达式 p−n 表示指针变量 p 所指元素前面第 n 个元素的地址。例如 p−2 表示数组元素 a[3]的地址。

（3）表达式++p 先使指针变量 p 指向下一个数组元素，表达式表示指针变量 p 所指数组元素的下一个元素地址。例如表达式++p 在运算时，先使 p 指向下一个数组元素 a[6]，而表达式的值为 a[6]的地址。

（4）表达式—p 表示指针变量 p 所指数组元素的上一个元素地址。例如表达式—p 在运算时，先使 p 指向上一个数组元素 a[4]，而表达式的值为 a[4]的地址。

（5）表达式 p++表示指针变量 p 所指数组元素的地址，然后使指针变量 p 指向下一个数组元素。例如表达式 p++的值为 a[5]的地址，表达式运算结束后，使指针变量 p 指向下一个数组元素 a[6]。

（6）表达式 p—表示指针变量 p 所指数组元素的地址，然后使指针变量 p 指向上一个数组元素。例如表达式 p—的值为 a[5]的地址，表达式运算结束后，使指针变量 p 指向上一个数组元素 a[4]。

下面讨论一种特殊情况，就是当指针变量p指向数组首地址时，即p指向数组元素a[0]，那么，p+i 或 a+i 表示 a[i]的地址，或者说它们指向 a 数组的第 i 个元素。*(p+i)或*(a+i)就是 p+i 或 a+i 所指向的数组元素，即 a[i]。例如，表达式 p+5 或 a+5 表示&a[5]，表达式*(p+5)或*(a+5)表示数组元素 a[5]。

2．指针之间的减法运算

当两个指针变量指向同一个数组时，它们之间可以进行减法运算，运算结果为它们所指向的数组元素下标相差的整数值。例如：

```
int  n , m , a[10] , *p1 , *p2 ;
p1 = &a[5];
p2 = &a[2];
n = p1-p2;
m = p2-p1;
```
则 n 的值为 3，m 的值为-3。

3．指针之间的关系运算

在同一个数组中数组元素的指针还可以进行关系运算。例如有如下定义和语句：
```
int n , m , a[10] , *p1 , *p2 ;
p1 = &a[2] ;          p2 = &a[3] ;
```
则有下面表达式及其值：

```
p2 > p1          /* 因为 p2-p1=1，所以表达式的值为 1（真）*/
p1++ == p2       /* 值为 0（假），注意此处++运算符为后缀 */
—p2 == p1        /* 值为 1（真），注意此处—运算符为前缀 */
p1 < a           /* 值为 0（假），a 为地址常量，是 0 号元素的地址*/
p2 <= a+3        /* 值为 1（真），a+3 为数组元素 a[3]的地址 */
```

指针变量还可以与 0 比较。设 p 为指针变量，若表达式 p==0 的值为 1，则表明 p 是空指针，它不指向任何变量；若表达式 p!=0 的值为 1，表示 p 不是空指针。空指针是由对指针变量赋予 0 值而得到的。例如：
```
#define   NULL   0
int *p = NULL;
```

对指针变量赋值为 0 和不赋值是不同的。指针变量未赋值时，可以是任意值，是不能使用的，否则将造成意外错误。而指针变量赋值为 0 后，则可以使用，只是它不指向具体的变量而已。

7.3.3　通过指针引用数组元素

假定有如下定义：

int　a[10]，　*p = a ;

那么，可以有多种形式引用数组元素。

1. 用指针表达式引用数组元素

如表达式*(p+3)引用了数组元素 a[3]。表达式中的 3 是相对于指针的偏移量。当指针指向数组的起始位置时，偏移量说明了引用哪一个数组元素，它相当于数组的下标。上述表示法称为"指针/偏移量表示法"。用指针表示法引用数组元素 a[i]的一般形式为：

*(p+i)

例如，表达式*(p+2)引用了数组元素 a[2]。需要注意的是，"*"的优先级高于"+"的优先级，所以括号是必需的。如果没有括号，上述表达式就表示 3 与表达式*p 之和。

用指针表达式也可引用数组元素的地址，用指针表示法引用数组元素 a[i]地址的一般形式为：

p+i

例如，表达式 p+2 实际引用了地址&a[2]。

2. 数组名本身就是一个指针，也可在指针表达式运算中引用数组元素

通常所有带有数组下标的表达式都可以用指针和偏移量表示，这时要把数组名作为指针。相应地，引用数组元素 a[i]的一般形式为：

*(a+i)

引用数组元素 a[i]地址的一般形式为：

a+i

注意：上面的表达式并没有修改数组名指针 a 的值，a 仍然指向数组的第一个元素。

3. 指针也可以像数组一样带下标

例如，p[i]引用了数组元素 a[i]。

因此，当指针变量 p 保存数组 a 的首地址时，对于数组元素 a[i]的地址的表示形式有这样三种：

（1）&a[i]

（2）p+i

（3）a+i

相应地，数组元素 a[i]的引用方法有以下 4 种，分别叫作下标法和指针法。

下标法引用数组元素：a[i]或 p[i]。

指针法引用数组元素：*(a+3)或*(p+3)。

那么，要对一维数组中的元素进行操作时可以有多种形式来引用数组中的元素。

【例 7.3】用多种形式引用数组元素。

形式 1：

```
#include "stdio.h"
int   main()
{
    int   i , a[10] ;
    printf("INPUT   10   INTEGER : \n") ;
    for ( i = 0 ; i < 10 ; i ++ )
        scanf("%d", &a[ i ]) ;          /*表达式&a[ i ]表示数组元素的地址*/
        printf("OUTPUT 10 INTEGER : \n") ;
    for ( i = 0 ; i < 10 ; i ++ )
        printf("%d",a[ i ]) ;          /*表达式 a[ i ]表示数组元素 */
    return 0;
}
```

运行结果如图 7-11 所示。

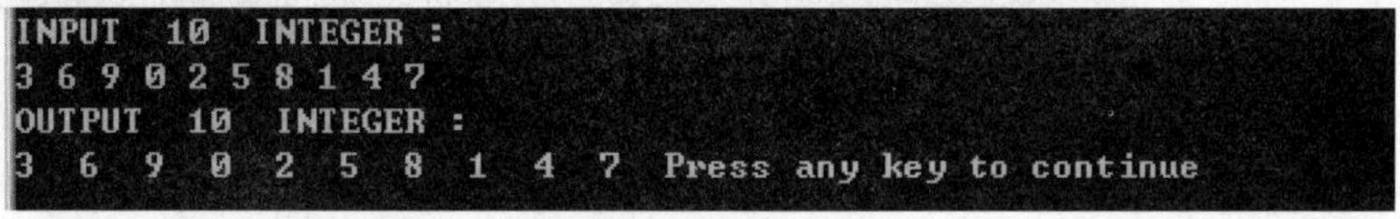

图 7-11 例 7.3 形式时 1 程序运行结果

形式 2：

```
#include "stdio.h"
void main()
{
    int   i , a[10] ;
    printf(" INPUT   10   INTEGER : \n" ) ;
    for ( i = 0 ; i < 10 ; i ++)
        scanf(" %d" , a + i) ;            /*表达式 a+i 表示数组元素的地址 */
    printf(" OUTPUT   10   INTEGER : \n") ;
    for ( i = 0 ; i < 10 ; i ++ )
        printf(" %d " , * ( a + i )) ;       /* 表达式*(a+i)表示数组元素 */
}
```

运行结果如图 7-12 所示。

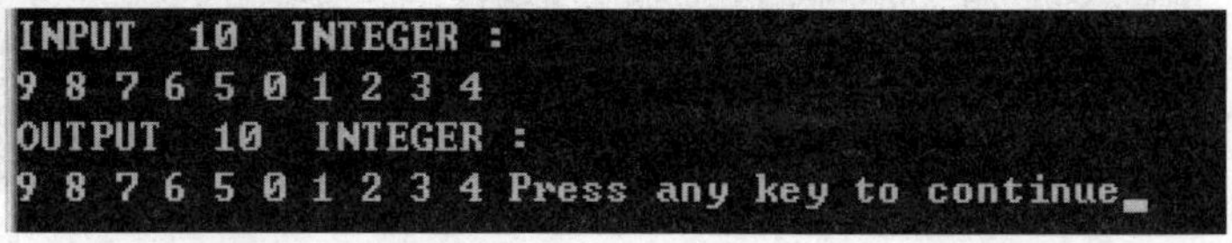

图 7-12 例 7.3 形式 2 程序运行结果

形式 3：

```
#include "stdio.h"
int    main()
{
    int i , a[10] , *p=a;
printf(" INPUT   10   INTEGER : \n" );
    for ( i = 0 ; i < 10 ; i ++ )
        scanf( "%d" , p + i );           /*表达式 p+i 表示数组元素的地址 */
    printf(" OUTPUT   10   INTEGER : \n" );
for ( i = 0 ; i < 10 ; i ++ )
     printf(" %d " , * ( p + i ) );       /* 表达式*(p+i)表示数组元素 */
    return 0;
}
```

运行结果如图 7-13 所示。

图 7-13   例 7.3 形式 3 运行结果

形式 4：
```
#include "stdio.h"
int    main()
{
    int i , a[10] , *p=a;
    printf( "INPUT   10   INTEGER : \n" );
    for ( i = 0 ; i < 10 ; i ++ )
        scanf(" %d" , &p[ i ] );           /* 表达式&p[ i ]表示数组元素的地址 */
        printf(" OUTPUT   10   INTEGER : \n" );
        for ( i = 0 ; i < 10 ; i ++ )
         printf(" %d " , p[ i ] );          /*表达式 p[ i ]表示数组元素 */
    return 0;
}
```

运行结果如图 7-14 所示。

图 7-14   例 7.3 形式 4 运行结果

通过指针引用数组元素时要注意几个问题。

（1）指针变量可以实现自身值的改变。例如，p++是合法的，而a++是错误的。因为 a 是数组名，数组名表示数组首地址，是指针常量。

（2）指针变量可以指向数组的任何元素，要注意指针变量的当前值。

定义数组时指定其长度为 10，即数组包含 10 个元素，但指针变量可以指到数组以后的内存单元，系统并不认为非法。如：

```
#include "stdio.h"
int   main()
{
int   a[10] , *p ;
for ( p = a ; p < a + 10 ; p ++ ) scanf(" %d" , p ) ;
for ( p = a ; p < a + 10 ; p ++ )printf(" %d " , *p ) ;
      return 0;
}
```

在上面程序的循环语句中，当 p=a+10 时，即 p 指到数组 a 以后的内存单元，并不认为是非法，但已经超出数组 a 的范围，所以循环结束。也就是说，当 p 指向数组元素时，进行相应的操作，一旦超出数组 a 的范围，就停止操作。

3．注意运算符"++""——""&"和"*"的混合运算。

（1）*p++，由于++和*同优先级，结合方向自右而左，等价于*(p++)。

（2）*(p++) 与*(++p) 作用不同。若 p 的初值为 a(a 为数组名)，则*(p++)等价于 a[0]，而*(++p)等价于 a[1]。

（3）(*p)++表示 p 所指向元素的值加 1。

（4）如果 p 当前指向 a 数组中的第 i 个元素，则*(p——)相当于 a[i——]，*(++p)相当于 a[++i]，*(——p)相当于 a[——i]。

7.3.4　数组作函数参数

1．数组元素作函数参数

数组元素作函数参数时，与普通变量作函数参数的情况相同，属于值传递方式。即函数调用时，是将实参——数组元素的值传递给形参变量。

【例 7.4】数组元素作函数参数：求一个整型数组中 n 个元素中偶数的个数。

参考程序 1（直接引用数组元素）：

```
#include "stdio.h"
int   main()
{
  int oushu(int x);                    /* 函数声明  */
  int i,n=0;
 int a[10]={19,28,37,46,55,99,64,82,73,91};
     for(i=0;i<10;i++)
```

实用 C 语言程序设计

```
            if(oushu(a[i])==1) n++;              /* 数组元素作函数参数 */
            printf("%d\n",n);
            return 0;
        }
            int oushu(int x)
        {
    return   ( (x%2 == 0 ) ? 1 : 0 );
        }
```
运行结果如图 7-15 所示。

图 7-15　例 7.4 参考程序 1 运行结果

参考程序 2（通过指针变量间接引用数组元素）：
```
#include "stdio.h"
int    main()
{
        int oushu(int x);                        /* 函数声明 */
        int n=0,*p;                              /* 定义指向整型变量的指针 */
        int a[10]={19,28,37,46,55,99,64,82,73,91};
        for(p=a;p<a+10;p++)                      /* 指针变量指向数组元素 */
            if(oushu(*p)==1) n++;                /* 指针变量指向数组元素作函数参数 */
        printf("%d\n",n);
        return 0;
}
        Int oushu(int x)
{
        return ( (x%2 == 0 ) ? 1 : 0 );
}
```
运行结果如图 7-16 所示。

图 7-16　例 7.4 参考程序 2 运行结果

2. 数组名作函数参数

在函数一章中已介绍过，当数组名作函数参数时，函数调用时改变形参数组元素的值，在函数调用后实参数组元素的值也会随着改变。

在 C 语言中，调用函数时采用"值传递"方式。当用变量作函数参数时，传递的是变量的值，当用数组名作函数参数时，由于数组名代表的是数组起始地址，因此传递的是数组首地址，所以要求形参为指针变量。

在进行函数定义时，往往采用形参数组的形式，这是因为在 C 语言中用下标法和指针法都可以访问数组。但是，应该明确一点，形参数组本质就是一个指针变量，由此指针变量接收实参传递的数组首地址。那么，通过对形参指针所指向的存储单元的操作，实际上就是对实参数组元素的操作。

【例 7.5】编写函数将数组中的 n 个整数按相反顺序存放。

```c
#include "stdio.h"
int    main()
{
      void    inv( int *, int );              /* 函数声明 */
      int    i , a[10] = { 0,2,4,6,8,9,7,5,3,1 };
      printf(" \nThe original array : ") ;
      for ( i = 0 ; i < 10 ; i ++ )
         printf(" %d" , a[ i ] ) ;
      inv( a , 10 ) ;                         /* 数组名作函数参数 */
      printf(" \nThe array has been inverted : ") ;
      for ( i = 0 ; i < 10 ; i ++ )
          printf(" %d " , a[ i ] ) ;
      printf( "\n" ) ;
      return 0   ;
}
void    inv( int *x ,    int    n )
{
      int    t ,*p , *q ;
      for( p=x, q=x+n–1; p<q; p++, q— )
{
      t = *p ;*p = *q ;*q = t ;}
}
```

运行结果如图 7-17 所示。

```
The original array : 0  2  4  6  8  9  7  5  3  1
The array has been inverted : 1  3  5  7  9  8  6  4  2  0
Press any key to continue
```

图 7-17   例 7.5 运行结果

归纳起来，数组名作函数参数时，形参和实参的表示形式有以下 4 种情况。

（1）形参和实参都用数组名。如：

```
int    main( )                        void    func(int x[ ],int n)
{    int a[10] ;                       {
     …                                        …
```

```
            func(a,10);                              }
            …
        }
```

（2）实参用数组名，形参用指针变量。如：

```
int main( )                              void    func(int *x,int n)
{   int a[10] ;                          {
    …                                        …
    func(a,10);                          }
    …
}
```

（3）形参和实参都用指针变量。如：

```
intmain( )                               void    func(int *x,int n)
{   int a[10],*p=a ;                     {
    …                                        …
    func(p,10);                          }
    …
}
```

（4）实参用指针变量，形参用数组名。如：

```
intmain( )                               void    func(int x[ ],int n)
{   int a[10],*p=a ;                     {
    …                                        …
    func(p,10);                          }
    …
}
```

应该注意的是，如果用指针变量作实参，必须先使指针变量有确定的值，使指针变量指向一个已经定义的数组。

以上 4 种方式，实际上传递的是数组首地址，是地址的传递，属于地址传递方式，是双向传递。

【例 7.6】编写函数实现选择排序（用指针实现）。

参考程序如下：

```
#include "stdio.h"
int    main()
{
    int a[10],*p;
    void selectsort(int *,int);                  /* 函数声明 */
    printf("Input 10 Integer : ");
    for(p=a;p<a+10;p++)      scanf("%d",p);
    selectsort(a,10);                            /* 数组名作函数参数 */
    printf("Result : ");
```

```
        for(p=a;p<a+10;p++)     printf("%d ",*p);
        printf("\n");
        return 0;
    }
    void selectsort(int *x,int n)
    {
        int i,t,*p,*q;
        for(i=0;i<n-1;i++)
        {
            q=x+i;
            for(p=q+1;p<x+n;p++)
                if( *p<*q ) q=p;
            if(q!=x+i){t=*q;*q=*(x+i);*(x+i)=t;};
        }
    }
```
运行结果如图 7-18 所示。

```
Input 10 Integer : 7 4 1 0 2 5 8 9 6 3
Result : 0 1 2 3 4 5 6 7 8 9
Press any key to continue_
```

图 7-18　例 7.6 运行结果

7.4　二维数组与指针

7.4.1　二维数组的地址

前面介绍过，二维数组可以看作一个特殊的一维数组，此一维数组的每一个元素又是一个一维数组。例如有二维数组定义如下：

int　a[3][4];

那么，数组 a 可看作一个一维数组，它有 3 个元素 a[0]、a[1] 和 a[2]。这 3 个元素都是长度为 4 的一维数组。按照上一节介绍的内容，对于数组元素 a[i] 可以表示为 *(a+i)，数组元素 a[i] 的地址可以表示为 a+i。而 a[i] 本身是一个一维数组，a[i] 是此数组的数组名，它有 4 个元素：a[i][0]、a[i][1]、a[i][2] 和 a[i][3]。如图 7-19 所示。

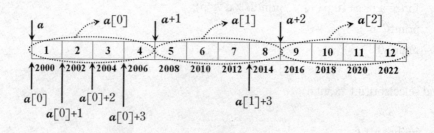

图 7-19　二维数组各元素的地址

那么数组元素 a[i][j]可以表示为"*(数组名+下标)"的形式，即

*(a[i]+j)

进而可以表示为

((a+i)+j)

那么数组元素 a[i][j]的地址可以表示为"数组名+下标"的形式，即

a[i]+j

进而可以表示为

*(a+i)+j

对于图 7-19 中的表示需要说明的是，a 是二维数组名，是二维数组的首地址，即 a[0]
的地址，其值为 2000，而 a[0]是第一个一维数组的数组名（即首地址），即 a[0][0]的地址，
其值为 2000。也就是说，a 的值与 a[0]的值相同，都为 2000，都表示地址，但是需要强调
的是二者的值虽然相等，但二者的数据类型不同，含义不同。

【例 7.7】用指针表示法输入输出二维数组中的元素。

参考程序如下：

```c
#include "stdio.h"
int    main()
{
int    i, j, a[3][4] ;
    printf("Input : ");
for ( i=0 ; i<3; i++ )
    for ( j=0 ; j<4; j++ )
        scanf("%d" , *(a+i)+j) ;  /* 表达式*(a+i)+j 表示 a[i][j]地址*/
    printf("\nOutput : \n");
for ( i=0 ; i<3; i++ )
{
        for ( j=0 ; j<4; j++ )
        printf("%d\t" , *(*(a+i)+j));    /* 表达式*(*(a+i)+j)表示 a[i][j] */
        printf(" n" );
}
    return 0;
```

}
运行结果如图 7-20 所示。

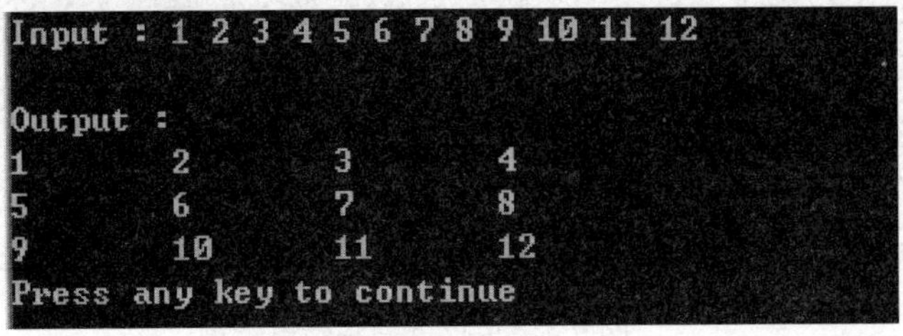

图 7-20　例 7.7 程序运行结果

7.4.2　指向二维数组元素的指针变量

指向二维数组元素的指针变量的定义与前面介绍的指向变量的指针变量相同。

例如，有一个二维数组的定义：

int　a[3][4],*p;

那么数组 a 中共有 12 个具有相同类型（int 型）的元素，每个元素都相当于一个 int 型变量，因此可以使用一个基类型为 int 的指针变量 p 指向这些元素。而且在内存中这些元素是依次连续存放的，那么对于指针变量 p 来说，就可以将此二维数组看作一个长度为 12 的一维数组，指针变量 p 对二维数组元素的操作就像对一维数组那样进行操作。

【例 7.8】用指针变量输入输出二维数组中各个元素的值。

参考程序如下：

```c
#include "stdio.h"
int    main()
{
    int   i , j , *p , a[3][4] ;    /* 定义 p 为指向二维数组元素的指针 */
    p=&a[0][0];
    printf("Input : ");
    for ( i=0 ; i<3; i++ )
    for ( j=0 ; j<4; j++ )
        scanf(" %d" , p+i*4+j ) ; /* 通过 p 引用二维数组元素的地址 */
    printf("\nOutput : \n");
    for ( i=0 ; i<3; i++ )
    {
        for ( j=0 ; j<4; j++ )
        printf(" %d\t" , *(p+i*4+j)) ;  /* 通过 p 引用二维数组元素*/
        printf(" \n" );
    }
    return 0;
}
```

运行结果如图 7-21 所示。

```
Input : 11 12 13 14 21 22 23 24 31 32 33 34 41 42 43 44

Output :
11        12        13        14
21        22        23        24
31        32        33        34
Press any key to continue
```

图 7-21　例 7.8 运行结果

7.4.3　行指针变量

指向一维数组元素的指针变量 p，p 值加 1 后所指向的数组元素是原来 p 所指元素的下一个数组元素。可以理解为 p 值的变化是以数组元素为单位的。

指向一维数组的指针变量是另外一种类型的指针变量，是指向一维数组类型数据的指针变量，即指针变量的目标变量是一个一维数组，所以此类指针变量的增值是以一维数组的长度为单位的。

指向由 n 个元素组成的一维数组指针变量，又称为"行指针"，其定义的一般形式为：

类型标识符（* 变量名）[N]；

其中，"*"表示其后的变量名为指针类型，"[N]"表示指针变量所指向的一维数组的元素个数。"类型标识符"定义一维数组元素的类型。在定义中"*变量名"是说明部分，必须用括号括起来。

在定义和使用指向一维数组的指针变量 p 时，需要注意以下几点。

（1）在定义行指针时，格式"（*变量名）"中的括号不能省略。

（2）在定义行指针时，格式中的 N 必须是整型常量表达式，此时定义的行指针可以指向相同类型的具有 N 个列元素的二维数组中的一行。

（3）p 是行指针，p+i、p++或 p—均表示指针移动的单位为"行"。

（4）p 只能指向二维数组中的行，而不能指向一行中的某个元素。

例如，有如下定义：

int a[3][4]， (*q)[4] = a ；

q 是指向由 4 个元素组成的一维数组的指针变量，表达式*q 是一个含 4 个元素的一维数组，它指向二维数组的第 0 行，则 q+i 指向二维数组的第 i 行，如图 7-22 所示。

1	2	3	4	5	6	7	8	9	10	11	12
2000	2002	2004	2006	2008	2010	2012	2014	2016	2018	2020	2022
q				q+1				q+2	*(q+2)+1		

图 7-22　行指针变量 q 与二维数组

所以*q 代表一维数组的首地址，*q+j 是一维数组的第 j 个元素地址，*(*q+j) 是一维数组的第 j 个元素。

由此，可推出数组元素 a[i][j]的地址表示形式为：

*(q+i)+j

数组元素 a[i][j]的表示形式为：

((q+i)+j)

【例 7.9】用行指针实现求二维数组中最大元素的值。

参考程序如下：

```
#include "stdio.h"
int    main()
{
int    max_element( int    (*p)[4] , int    n ) ;          /* 函数声明 */
int    a[3][4] = { 31,52,73,14,25,46,67,88,19,90,41,62 } ;
printf( "Max element is : %d\n" , max_element( a , 3 ) ) ;
    return 0;
}
int    max_element( int    (*p)[4] , int    n )                 /* 形参指针为行指针 */
{
int    max , i , j ;
max = *(*(p+0)+0) ;
for ( i = 0 ; i < n ; i ++ )
    for ( j = 0 ; j < 4 ; j ++ )
        if   ( *(*(p+i)+j) > max )   max = *(*( p+i ) + j ) ;
return    max ;
}
```

运行结果如图 7-23 所示。

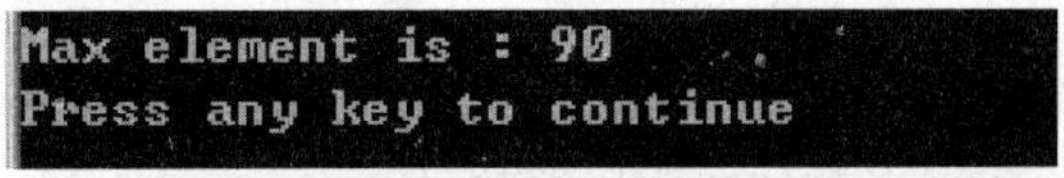

图 7-23　例 7.9 运行结果

7.5　字符串与指针

7.5.1　字符串的表示与引用

在 C 语言中，既可以用一个字符数组存放一个字符串，也可用一个字符指针变量来指向一个字符串。

1. 用字符数组存放一个字符串

例如有以下定义：

    char   s[ ] = "I Love China!" ;

在前面介绍过，字符数组是由若干个数组元素组成的，在内存中占有一片连续的空间，但是字符数组是有名的、固定的空间，可用来存放字符串，字符数组中的一个元素存放字符串中的一个字符，如图 7-24 所示。

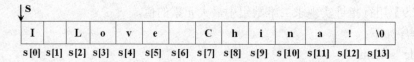

I	L	o	v	e		C	h	i	n	a	!	\0
s[0]	s[1]	s[2]	s[3]	s[4]	s[5]	s[6]	s[7]	s[8]	s[9]	s[10]	s[11]	s[12]	s[13]

图 7-24   用字符数组存放一个字符串

2．用字符指针指向一个字符串

C 语言对字符串常量是按字符数组处理的，在内存中开辟一个字符数组存放字符串，其首地址可保存在字符型指针变量中，例如：

char   *s = "I Love China!" ;

在这里，字符指针变量 s 存放的是字符串常量的首地址，而不是字符串的内容，如图 7-25 所示。

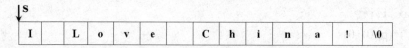

I	L	o	v	e		C	h	i	n	a	!	\0

图 7-25   用字符指针指向一个字符串

虽然用字符指针变量和字符数组都能实现字符串的存储和处理，但二者是有区别的，不能混为一谈。

（1）存储内容不同

字符指针变量中存储的是字符串的首地址，而字符数组中存储的是字符串本身（数组的每个元素存放字符串的一个字符）。

（2）赋值方式不同

对字符指针变量，可采用下面的赋值语句赋值：

char *p ;

p = "This is a example." ;   /* p 保存字符串的首地址 */

而对字符数组，虽然可以在定义时初始化，但不能用赋值语句整体赋值。下面的用法是非法的：

char s[20] ;

s = "This is a example." ;   /* 错误用法 */

字符数组赋值可用 strcpy)函数，例如：

char s[20] ;

strcpy (s, "This is a example.") ;

（3）指针变量的值是可以改变的，字符指针变量也不例外；而数组名代表数组的起始地址，是一个常量，而常量是不能被改变的。

7.5.2 字符串指针作函数参数

如同前面介绍过的数组名作函数参数，字符串指针作函数参数时，在被调函数中可以改变字符串的内容，在主调函数中可以得到改变了的字符串。同样在函数调用时，实参传给形参的是字符串的首地址。归纳起来，字符串作函数参数如表 7-1 所示。

表 7-1 字符串作函数参数

实参	形参
一维数组名	一维数组名/字符串常量
一维数组名	字符指针变量
字符指针变量	字符指针变量
字符指针变量	一维数组名/字符串常量

【例 7.10】编写函数实现字符串的复制。

参考程序如下：

```c
#include "stdio.h"
int    main()
{
    void    copy_string(char *, char * );            /*函数声明*/
    char    a[20] = " I am a teacher" ,    b[20] =" You are a student";
        printf(" String a is : %s\nString b is : %s\n", a,b ) ;
        copy_string(a,b);                            /*字符指针作函数参数*/
        printf(" String a is : %s\nString b is : %s\n", a,b ) ;
        return 0;
}
void    copy_string(char *from, char *to )           /*形参指针为字符型指针*/
{
    for ( ; *from!= '\0' ; from ++, to ++)    *to = *from;
    *to='\0' ;
}
```

运行结果如图 7-26 所示。

```
String    a   is : I am a teacher
String    b   is : You are a student
String    a   is : I am a teacher
String    b   is : I am a teacher
Press any key to continue
```

图 7-26 例 7.10 运行结果

実用 C 语言程序设计

7.6 返回指针值的函数

一个函数可以返回一个 int 型数据，或一个 float 型数据，或一个 char 型数据等，也可以返回一个指针类型的数据。返回指针值的函数（简称指针函数）的定义格式如下：

函数类型 * 函数名(形参表)

{

　...

}

定义函数时，函数名前的"*"表示函数的返回值是指针类型，即表示此函数是指针型函数。"类型标识符"表示返回的指针值的基类型，即所返回的指针指向的数据类型。

【例 7.11】编写函数实现求数组中最大元素的地址。

参考程序如下：

```
#include "stdio.h"
int   main()
{
    int   * max ( int * , int );
     int   a[10] , *q ;
     printf(" Input : " ) ;
     for( q = a ; q < a+10 ; q ++ )scanf(" %d", q ) ;
     q = max( a , 10 ) ;
     printf(" sum = %d\n" , *q ) ;
     return 0;
}
int   * max ( int *a , int   n )                /* 定义返回指针值的函数 */
{    int   * max , * p ;
     max = a ;
     for( p = a ; p < a + n ; p ++ )
     if   ( *p > *max )max = p ;
return   max ;
}
```

运行结果如图 7-27 所示。

```
Input : 55 82 19 37 46 91 100 28 73 64
sum = 100
Press any key to continue
```

图 7-27 例 7.11 运行结果

运用指针函数应注意以下几个问题。

（1）指针函数中 return 语句返回的值必须是一个与函数类型一致的指针。

（2）函数返回值必须是保证主调函数能正确使用的数据。

7.7 指 针 数 组

7.7.1 指针数组

数组的元素均为指针类型数据，则称其为指针数组。指针数组的每个元素都是一个指针数据。指针数组定义的一般形式：

类型标识符 *数组名[数组元素个数]；

在定义中，"数组名[数组元素个数]"先组成一个说明部分，表示一个一维数组及其元素个数。"类型标识符 *"则说明数组中每个元素是数据类型。例如：

int   *ip[10];

char *cp[5];

这里定义了两个指针数组，ip 是整型指针数组，cp 是实型指针数组。

指针数组也可以进行初始化，例如：

char c[4][10]={"Fortran","Cobol","Basic","Pascal"};

char *str[5]={"int","long","unsigned","char","float"};

int x,y,z,*ip[3]={&x,&y,&z};

int a[2][3],*p[2]={a[0],a[1]};

一般情况下，运用指针的目的是操作目标变量，使得对目标变量的操作变得灵活并能提高运行效率。例如使用指针数组处理多个字符串比使用字符数组更为方便灵活。

【例 7.12】编写函数实现对 N 个字符串进行排序。

参考程序如下：

```
#include "stdio.h"
#include "string.h"
int    main()
{
    void    sprint (char *str[ ], int n );
    void    ssort ( char *str[ ] , int n );
    char    *cnm[ ] = {"Lasa","Shanghai","Chongqing","Dalian","Hangzhou"} ;
    ssort( cnm , 5 );
    sprint( cnm , 5 ) ;
        return 0;
}
void    sprint (char *str[ ], int n )
{
    int   i ;
    printf("Result : \n" );
    for ( i=0; i<n; i++ )   printf("\t%d:\t%s\n", i, str[i]);
}
```

実用 C 语言程序设计

```
void    ssort ( char *str[ ] , int n )
{
    char *t ;
    int   i, j, k;
    for ( i=0; i<n-1; i++ )
    {
        k=i;
        for (j=i+1; j<n; j++ )
            if (strcmp( str[k],str[j] )>0)    k=j;
        if ( k!=i )
        {
            t=str[k];
            str[k]=str[i];
                str[i]=t ;
        }
    }
}
```

运行结果如图 7-28 所示。

图 7-28   例 7.12 运行结果

7.7.2 指向指针的指针

如果一个指针变量存放的又是另一个指针变量的地址，则称这个指针变量为指向指针的指针变量。指向指针的指针变量的定义形式：

数据类型   ** 指针变量 ；

例如，有如下定义：

```
int   x ;                 /* 定义整型变量 x */
int   *p ;                /* 定义指向整型变量的指针变量 p */
int   **q ;               /* 定义指向整型指针变量的指针变量 q */
p = &x ;                  /* 整型指针变量 p 保存整型变量 x 的地址  */
q = &p ;                  /* 指向整型指针的指针变量 q 保存 p 的地址 */
```

又如，有如下定义：

char   *name[7] = { "Monday", "Tuesday", "Wednesday", "Thursday", "Friday" ,

"Saturday", "Sunday" } ;   /* 定义 name 为指针数组 */
char   **p ;   /* 定义指向字符型指针的指针变量 p */

name 是一个指针数组，它的每一个元素是一个指针型数据，其值为地址。数组名 name 代表该指针数组的首地址，那么 name+i 是 mane[i]的地址。name+i 就是指向字符型指针型数据的指针。p 就是指向字符型指针数据的指针变量，使 p 指向指针数组元素：

    p = name+3 ;

如图 7-29 所示。

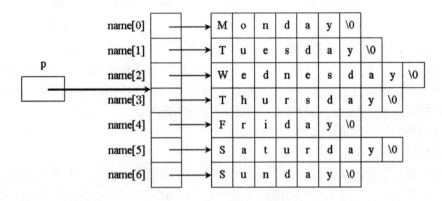

图 7-29　p 是指向指针的指针变量

【例 7.13】编写函数实现求 N 个字符串中的最长的字符串。
参考程序如下：
```
#include "stdio.h"
#include "string.h"
int    main()
{
    char * longest_string(char *s[],int n);
    char *pm;
    char *cnm[] = {"Lasa","Shanghai","Chongqing","Dalian","Hangzhou"} ;
    pm=longest_string(cnm,5);        /* 指针数组名作函数参数 */
        printf("The longest string is : %s\n",pm);
        return 0;
}
char * longest_string(char *s[],int n)
{
    char *q,**p;                /* 定义指向指针的指针变量 p */
    q=*s;
    for(p=s;p<s+n;p++)          /* 指向指针的指针 p 指向指针数组元素 */
        if ( strlen(*p) > strlen(q) ) q=*p;
    return q;
}
```

运行结果如图 7-30 所示。

```
The longest string is : Chongqing
Press any key to continue_
```

图 7-30　例 7.13 运行结果

7.8　函数的指针和指向函数的指针变量

可以用指针变量指向整型变量、字符串、数组，也可以指向一个函数。一个函数在编译时要占用一段内存单元，这段内存单元的首地址就是函数的指针。和数组名代表数组首地址一样，函数名也代表函数的首地址。可以用指针变量指向数组，也可以用一个指针变量指向函数，并通过指针变量调用它所指向的函数。

指向函数的指针变量定义的一般形式为：

数据类型标识符　　（*指针变量名)( );

与数组指针变量定义类似，"*指针变量名"外的括号是不可少的，否则就变成定义返回指针值的函数了。在定义中"（*指针变量名）"后的括号"（ ）"表示指针变量所指向的目标是一个函数。"数据类型标识符"是定义指针变量所指向的目标函数的类型。

例如：

int (*p) ( ) ;　　　　　 /* 定义一个指向整型函数的指针变量 p */

float　(*q) ( ) ;　　　 /* 定义一个指向单精度类型函数的指针变量 p */

可用函数名给指向函数的指针变量赋值，其形式为：

指向函数的指针变量 =[&]函数名;

注意：函数名后不能带括号和参数，函数名前的"&"符号是可选的。

用指向函数的指针变量调用函数的一般形式为：

（*函数指针变量）（实参表）

运用指向函数的指针变量调用函数时，指向函数的指针变量应具有被调用函数的首地址，和用函数名调用函数一样，实参表应与形参表相对应。

【例 7.14】求 a 和 b 中的较大者。

参考程序如下：

```c
#include "stdio.h"
int main()
{
    int max( int   x , int   y ) ;
    int a , b , c;
    int(*p)( ) ;                          /* 定义指向整型函数的指针变量 p */
    p = max ;                            /* 函数指针 p 指向 max 函数的地址*/
    printf("INPUT 2 INTEGER : ",c);
    scanf("%d%d", &a ,&b);
```

```
    c = (*p)( a,b );                /*  通过函数指针 p 调用函数*/
    printf("max=%d\n" ,c);
        return 0;
}
    int max( int x, int y)
{
return ( x > y ? x : y ) ;
}
```

运行结果如图 7-31 所示。

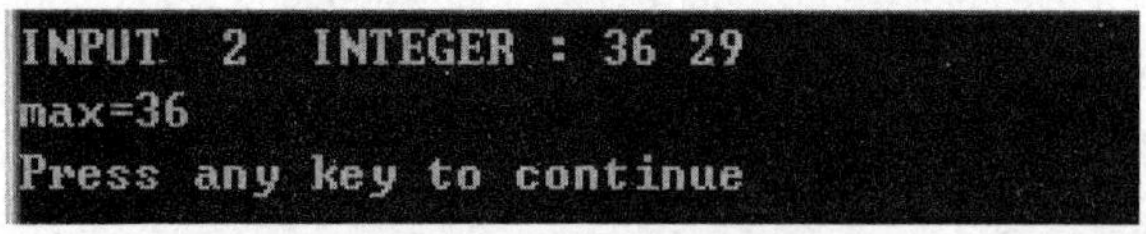

图 7-31　例 7.14 运行结果

第8章 结构体与共用体

本章知识点

➤ 结构体类型和结构体变量的定义
➤ 结构体数组、结构体指针和链表
➤ 共用体数据类型的定义、引用和应用
➤ 枚举数据和自定义数据类型

重点与难点

➲ 向函数传递结构体变量和结构体数组，结构体指针作为函数参数
➲ 结构体、共用体占用内存的字节数
➲ 枚举类型

用户自定义（或自构造）的数据类型有：数组、结构体、共用体与枚举类型等，这些自定义类型的应用能极大地增强 C 语言对数据的表达与处理能力。本章将介绍后 3 种自定义数据类型的定义与使用。

通过本章的学习，要掌握在数组类型基础之上更多的掌握其他构造类型——结构体和共用体；掌握结构体和共用体的定义、引用方法，切实区分定义类型和定义变量的不同之处；掌握结构体类型与共用体类型变量内存分配的不同之点；了解链表的操作方法；掌握枚举类型的定义和引用。

8.1 结构体数据类型

前面介绍过 C 语言的数据类型及分类。关于构造类型，曾介绍了数组的有关概念，用数组可以解决一些问题，但有些问题用数组就不能解决了。比如，有时需要将不同类型的数据组成一个有机的整体，这个整体中的数据之间有一定的关系。假设有一个学生学籍信息表，其中包括学号、姓名、性别、年龄、籍贯和入学成绩等属性，如表 8-1 所示。

表 8-1 学生学籍信息表

学号	姓名	性别	年龄	籍贯	入学成绩
20181201	王鹏真	男	18	河北省邯郸市	554

（续表）

学号	姓名	性别	年龄	籍贯	入学成绩
20181202	李纪恒	男	19	河南省郑州市	538
201812003	王楠楠	女	18	海南省三亚市	501
201812004	纳格格	女	17	湖南省武汉市	523
20181205	…	…	…	…	…

显然学号、姓名、性别、年龄、籍贯和入学成绩等数据都是一个人的相关信息。这样的问题是不能用数组解决的，因为这些信息的数据类型不同，而数组中各元素的数据类型必须相同。若用 6 个单个的变量来表示，从语法角度来看是可以的，但单个的变量很难体现出这些数据之间的内在联系。而类似这样的问题在实际应用中非常普遍，这些数据既不能用数组表示，也不宜设置成单个的变量。为了解决这方面的问题，C 语言提供了一种新的数据类型，就是结构体。它相当于其他高级语言中的文件记录类型或数据库中的表记录结构。

8.1.1　结构体类型的定义

"结构体"是一种构造类型，它是由若干"成员"组成的。每一个成员可以是一个基本数据类型或者又是一个构造类型。既然结构体是一种"构造"而成的数据类型，那么在说明和使用之前必须先定义它，也就是构造它，如同在说明和调用函数之前要先定义函数一样。定义结构体类型的一般形式为：

struct　结构体类型名
{
成员表列
};

其中，struct 是关键字，作为定义结构体数据类型的标志。后面紧跟的是结构体类型名，由用户自行定义。花括号{ }内是结构体的成员表列，其中说明了结构体所包含的成员及其数据类型。花括号{ }外的分号不能省略，表示结构体类型说明的终止。

成员表列由若干个成员（也称为数据项或分量）组成，每个成员都是该结构体类型的一个组成部分。对每个成员也必须作类型说明，其形式为：

类型说明符　成员名;

成员名的命名应符合标识符的命名规定。

例如，学生信息结构体类型的定义，假设学生信息的必要项目为学号（num）、姓名（name）、性别（sex）和成绩（score）等。

struct student
{
    long　　　num;
    char　　　name[20];

```
    char        sex;
    float       score;
};
```

在这个结构体类型定义中，结构体类型名为 student，该结构体类型由 4 个成员组成。第一个成员为 num，长整型变量；第二个成员为 name，字符数组；第三个成员为 sex，字符变量；第四个成员为 score，实型变量。结构体类型定义之后，即可进行变量说明。凡说明为结构体类型 student 的变量都由上述 4 个成员组成。

由此可见，结构体类型是一种复杂的数据类型，是数目固定、类型不同的若干有序变量的集合。

结构体的定义只定义了数据的形式，即声明了一种复杂的数据类型，并没有生成任何变量。

说明：

（1）结构体类型中的成员，既可以是基本数据类型，也可以是另一个已经定义的结构类型。例如：

```
struct   date                    /* 声明结构体类型 date */
{
    int         month ;
    int         day ;
    int         year ;
} ;
/* 声明结构体类型 student */
{
    long            num;
    char            name[20];
    char            sex;
    struct date     birthday ;      /* 成员 birthday 的类型为 struct date 类型 */
    float           score;
} stu1, stu2 ;
```

首先定义一个结构体类型 date，由 month、day、year 三个成员组成，在定义结构体类型 student 时，其中的成员 birthday 被说明为结构体类型 data，即成员 birthday 由 month、day 和 year 三个成员组成。此时，结构体类型 struct student 的结构如图 8-1 所示。

| num | name | sex | birthday | | | score |
| | | | month | day | year | |

图 8-1　结构体类型 struct student 的结构

（2）数据类型相同的成员，既可逐个、逐行分别定义，也可合并成一行定义。例如，上面日期结构体类型的定义可改写为如下形式：

```
struct   date{int   year, month, day;};
```

（3）结构体类型中的成员名，可以与程序中的变量同名，但是它们代表不同的对象，互不影响。

（4）结构体类型定义可以在函数的内部进行，也可以在函数的外部进行。在函数内部定义的结构体，其作用域仅限于该函数内部，而在函数外部定义的结构体，其作用域是从定义处开始到本源程序文件结束。

总之，结构体类型的定义只是描述结构体类型数据的组织形式，规定这个结构体类型使用内存的模式，并没有分配一段内存单元来存放各数据项成员。只有定义了这种类型的变量，系统才为变量分配内存空间，占据存储单元。

8.1.2　结构体变量的定义

用户自己定义的结构体类型，与系统定义的标准类型（int、char 等）一样，可用来定义变量的类型。定义结构体变量有以下三种方法。

（1）先定义结构体类型、再定义结构体类型变量。

例如，定义学生信息结构体类型，再定义相应的结构体变量：

```
struct student
{
    long        num;
    char        name[20];
    char        sex;
    float       score;
};
struct studentstudent1，student2;
```

结构体类型变量 student1、student2 拥有结构体类型的全部成员。这种方式定义结构体类型变量的一般形式为：

struct 结构体 类型名 结构体 变量名表;

（2）在定义结构体类型的同时，定义结构体类型变量。

例如，结构体类型变量 student1 和 student2 的定义可以改为如下形式：

```
struct    student
{
long        num;
    char        name[20];
    char        sex;
    float       score;
} student1 , student2 ;
```

被定义的结构体变量 student1 和 student2 直接在结构体类型定义的花括号后、分号前给出。如果编程需要，还可以使用 struct student 定义其他的变量。这种方式定义结构体变量的一般形式为：

struct   结构体 类型名;

{

成员表列

} 结构体类型变量表 ；

（3）直接定义结构体类型变量（不出现结构体名）。

例如：

```
struct
{
long      num;
    char      name[20];
    char      sex;
    float     score;
} student1 , student2;
```

此时只是直接定义了上述结构体类型的两个结构体变量 student1 和 student2。这种形式由于省略了结构体类型名，所以没有结构体类型名，因此也就不能用它来定义其他的变量。这种方式定义结构体变量的一般形式为：

```
struct
{
成员表列
} 结构体类型变量表;
```

说明：结构体类型与结构体类型变量是两个不同的概念，其区别如同 int 类型与 int 型变量的区别，只能对变量进行赋值、存取或运算，而不能对类型进行赋值、存取或运算。在编译时，对类型是不分配内存单元的，只对变量分配内存单元。

就像声明一个普通变量那样，系统将为结构体类型变量分配存储单元，存储单元的大小取决于变量的数据类型。在这里，当声明一个结构体类型变量时，系统同样要为结构体类型变量分配存储单元，其大小为该结构体类型变量的各个成员所占内存单元之和，同样系统为其分配一段连续的存储单元，依次存储各成员数据。

在程序中使用结构体变量时，一般情况下，不把结构体变量作为一个整体参加数据处理，而是用结构体变量的各个成员来参加各种运算和操作。例如赋值、输入、输出、运算等操作都是通过结构体变量的成员来实现的。

引用结构体变量成员的一般形式是：

结构体 变量名.成员名

例如：

```
student1.num             /* 即 student1 的学号 num */
student2.sex             /* 即 student2 的性别 sex */
```

如果结构体变量的成员本身又是一个结构体类型的数据，那么，必须逐级找到最低级的成员才能使用。例如：

```
student1.birthday.month =12;
student1.birthday.day =25;
student1.birthday.year =1990;
```

关于结构体变量的说明如下。

（1）结构体成员是结构体变量中的一个数据，成员项的数据类型是结构体类型定义时定义的，对结构体类型变量的成员可以进行何种运算是由其类型决定。允许参加运算的种类与相同类型的简单变量的种类相同。例如：

　　student2.score = student1.score + 10;

　　sum = student2.score + student1.score;

　　student1.num ++ ;

　　（2）可以引用结构体变量的成员的地址，也可以引用结构体变量的地址。例如：

　　scanf ("%f", & student1.score) ;　　　　/* 输入 student1.score 的值 */

　　printf ("%x", & student2) ;　　　　　　/* 输出 student2 的首地址 */

　　（3）结构体变量的地址主要用作函数参数，传递的是结构体变量的地址。

　　（4）一个结构体变量也可以作为一个整体来引用。

　　C 语言允许两个相同类型的结构体变量之间相互赋值，这种结构体类型变量之间赋值的过程是将一个结构体变量的各个成员的值赋值给另一个结构体变量的相应成员。例如下面的赋值语句是合法的：

　　student2 = student1;

　　C 语言不允许用赋值语句将一组常量直接赋值给一个结构体变量。如下面的赋值语句是不合法的：

　　student2 = {80511, "Zhang San", 'M', {5, 12, 1980}, 87.5} ;

　　（5）结构体类型变量也可以进行初始化。

　　结构体变量初始化的格式，与一维数组的初始化相似，不同的是，如果结构体变量的某个成员本身又是结构体类型，则该成员的初值为一个初值表。例如：

　　struct student_type stud = {80511, "Zhang San", 'M', {5, 12, 1980}, 87.5} ;

　　注意：结构体变量的各个成员初值的数据类型，应该与结构体变量中相应成员的数据类型一致，否则会出错。

　　【例 8.1】结构体变量成员的输入和输出。

　　参考程序如下：

```
#include "stdio.h"
struct    student
{
    long int num ;
        char name[20] ;
        char sex ;
        char addr[30] ;
};
    int main( )
{
        struct student s1,s2;
        printf( "Input num : ") ;
        scanf( "%ld" ,&s1.num) ;
        printf( "Input name : " ) ;
        scanf( "%s" , s1.name ) ;
```

```
        printf( "Input sex : " ) ;
        scanf( "%c" , &s1.sex ) ;          /*在 "%c" 前面加一个空格，将存于缓冲区中
的回车符读入*/
        getchar();          /*吸收掉前面输入字符数据后面键入的回车字符*/
        printf( "Input address : " ) ;
        gets ( s1.addr ) ;
        s2=s1;              /*s1 的所有成员的值整体赋予 s2*/
        printf( "\nOUTPUT : \n " ) ;
        printf( "\tNO.:%ld\n" ,s2.num ) ;
        printf( "\tname:%s\n" , s2.name ) ;
        printf( "\tsex:%c\n" ,s2.sex ) ;
        printf( "\taddress:%s\n" ,s2.addr ) ;
        return   0;
}
```

运行结果如图 8-2 所示。

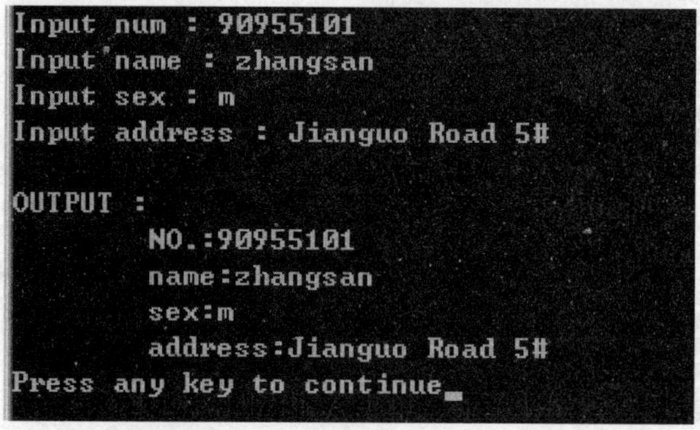

图 8-2　例 8.1 运行结果

程序中用 scanf 函数动态地输入 num、name、sex 和 addr 成员值，然后把 s1 的所有成员的值整体赋予 s2（结构体变量可以整体赋值）。最后分别输出 s2 的各个成员值。本例给出了结构体变量输入和输出的方法。特别要注意的是 scanf 函数中 name、sex 和 gets(addr) 进行字符和字符串数据输入的两种处理方法。

8.1.3　结构体数组

在前面数组一章中介绍过数组元素可以是简单数据类型，也可以是构造类型。当数组的元素是结构体类型时，就构成了结构体数组。结构体数组是具有相同结构体类型的变量集合。结构体数组的每一个元素都具有相同结构体类型。其定义的一般形式和前面定义结构体变量相同，只是把变量名改为数组名即可。

（1）先定义结构体类型，再定义结构体类型的数组，其一般形式为：

struct 结构体 类型名 结构体 数组名[数组长度];

例如：

struct student

```
{    int num ;
     Char name[20] ;
     char sex ;
     int age ;
     float score;
} ;
Struct student    class[30];
```

定义了一个结构体类型的数组 class，该数组中共有 30 个元素，class[0]、class[1]、…、class[29]。每个数组元素都具有 structstudent 的结构体类型。

（2）在定义结构体类型的同时定义结构体数组，其一般形式为：

```
Struct 结构体 类型名;
{
成员表列
} 结构体 数组名[数组长度] ;
```

（3）直接定义结构体类型数组，其一般形式为：

```
struct
{
成员表列
} 结构体 数组名[数组长度] ;
```

在引用结构数组元素的成员时的一般形式为：

结构体 数组名[下标].成员名

例如：

```
class[0].num = 80611 ;
strcpy ( class[1].name , "Huang Ming" );
class[2].sex ='M' ;
class[3].age =19 ;
class[4].score =77.5 ;
```

与其他类型的数组一样，对结构体数组可以进行初始化。例如：

```
struct student
{
Int num ;
char name[20] ;
char sex ;
int   age ;
float score;
} ;
Struct student    st[3] = {{80601 , "Zhangsan",'M', 19, 85.0},
                    {80602 , "Lisi", 'F', 18, 91.5 } ,
                    {80603 , "Wangdashan", 'M', 20, 76.5}};
```

以上定义了一个数组 st，其元素为 struct student 类型数据，st 数组共有 3 个元素，各元素在内存中连续存放，如图 8-3 所示。

	num	name	sex	age	score
st[0]	80601	Zhangsan	M	19	85.0
st[1]	80602	Lisi	F	18	91.5
st[2]	80603	Wangdashan	M	20	76.5

图 8-3　结构体数组的初始化

定义数组 st 时，元素个数可以不指定，即可以写成以下形式：

struct student st[3] = { {···}, {···}, {···} } ;

编译时，系统会根据所给出初值的个数来确定数组元素的个数。

【例 8.2】已知若干个学生的姓名、学号和某门课程成绩，编写程序，对学生记录按成绩从高分至低分排序，输出排序后的学生表，并输出其的名次。

参考程序如下：

```
#include "stdio.h"
#include"string.h"
#define  N   4
struct student
{   long num;
    Char name[20] ;
    Float score;
} ;
    Int main()
{
    int i , j , k ;
    struct student   p[N] , temp ;
    /* 输入 N 个学生信息：学号、姓名和某课程成绩 */
    for( i=0 ; i<N ; i++ )
    {
        printf("输入第%d 个学生的学号：", i+1);
        scanf ("%ld", &p[i].num ) ;
        printf("输入第%d 个学生的姓名：", i+1 );
        scanf ("%s", p[i].name ) ;
        printf("输入第%d 个学生的成绩：", i+1 );
        scanf ("%f", &p[i].score ) ;
        printf("\n");
    }
    /* 对输入的 N 个学生信息按课程成绩进行降序排序 */
    for ( i=0 ; i<N-1 ; i++ )
    {   k = i ;
        for ( j=i+1 ; j<N ; j++ )
```

```
        {
            if ( p[j].score > p[k].score ) k = j ;
        }
            temp.num=p[i].num ; temp.score=p[i].score ;    strcpy(temp.name, p[i].name);
            p[i].num=p[k].num;   p[i].score=p[k].score ;    strcpy(p[i].name, p[k].name);
            p[k].num=temp.num; p[k].score=temp.score;    strcpy(p[k].name, temp.name);
        }
        /* 对输入的 N 个学生信息按课程成绩进行降序排序 */
        printf("\n************* 输出表 **************\n");
        printf("\n 名次学号姓名成绩\n");
        for ( i = 0 ; i < N ; i++ )
        {
            printf("%-6d%ld %-15s %6f\n", i+1, p[i].num, p[i].name, p[i].score) ;
        }
        return 0;
}
```

运行结果如图 8-4 所示。

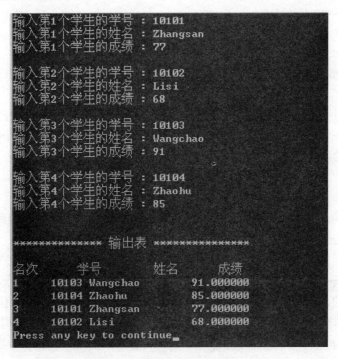

图 8-4　例 8.2 运行结果

　　程序中定义了一个结构体类型 student，在 main 函数中定义了 student 类型结构体变量 temp 和一个结构体数组 p[4]。在 for 语句中，用 scanf 函数分别输入结构体数组 p[i] 各个成员的值。然后对输入的 N 个学生信息按课程成绩进行降序排序。最后在 for 语句中用 printf 语句输出结构体数组 p[i]各元素中的成员值。

8.1.4　结构体指针

1. 指向结构体变量的指针

当一个指针变量用来指向一个结构体变量时，称之为结构体指针变量。结构体指针变量中的值是所指向的结构体变量的首地址。通过结构体指针即可访问该结构体变量，这与数组指针和函数指针的情况是相类似的。

结构体指针变量说明的一般形式为：

struct　结构体类型名　＊ 结构体指针变量名；

其中，结构体类型名必须是已经被定义过的结构体类型。

例如，声明一个指向结构体变量的指针变量：

struct student

{

　　int num ;

　　char *name ;

　　char sex ;

　　int age ;

　　float score;

} ;

struct student stud ;

struct student *ps ;

int a, b, c ;

结构体指针变量的定义规定了其特性，并为结构体指针变量自身分配了内存单元。结构体指针变量在使用前，必须通过初始化或赋值运算的方式将具体的某个结构体变量的存储地址值赋值给它。这时要求结构体指针变量与结构体变量必须属于同一结构体类型。

例如：

ps = &a ;

这是错误的，因为，变量 a 的数据类型与指针变量 ps 的基类型不相同。

ps = &student ;

这也是错误的，student 是结构体类型名，不占用存储单元，因此没有内存地址。

ps = &stud ;

这是正确的，因为，变量 stud 的数据类型与指针变量 ps 的基类型相同。

在这里，结构体指针变量 ps 指向了结构体类型变量 stud，那么，结构体类型变量 stud 的成员如 score 可以表示为：

stud.score

或

(*ps).score

注意：*ps 两边的括弧不可省略，因为成员运算符 "."的优先级高于 "*"运算符。

在 C 语言中，为了直观和使用方便，可以把 "(* ps).score" 改用 "ps->score" 来代替，即结构体指针变量 ps 所指向的结构体变量中的 score 成员。同样，"(*ps).name" 等价于

"ps->name"。也就是说，当一个结构体指针变量指向一个结构体类型变量时，以下三种形式是等价的：

（1）结构体类型变量.成员名

（2）(* 结构体指针变量).成员名

（3）结构体指针变量 ->成员名

其中，"->"也是一种运算符，称为指向运算符，它表示的意义是结构体指针变量所指向的结构体数据中的成员。

【例 8.3】通过结构体指针引用结构体变量的成员。

参考程序如下：

```c
#include "stdio.h"
#include "string.h"
struct student
{    long num ;
     char name[20] ;
     char sex ;
     float score ;
} ;
int main( )
{
    struct student stud, *p = &stud ;
    stud.num = 99301 ;
    strcpy( stud.name, "Zhangsan" ) ;
    (*p).sex = 'M' ;
    (*p).score = 84.5 ;
    printf( "NO.:\t%ld\n" , (*p).num ) ;
    printf( "name:\t%s\n" , p -> name ) ;
    printf( "sex:\t%c\n" ,p -> sex ) ;
    printf( "score:\t%f\n" ,stud. score ) ;
return 0;
    }
```

运行结果如图 8-5 所示。

```
NO.:    99301
name:   Zhangsan
sex:    M
score:  84.500000
Press any key to continue
```

图 8-5 例 8.3 运行结果

程序中定义了一个结构体类型 student，在 main 函数中定义了 student 类型结构体变

实用 C 语言程序设计

量 stud 和一个指向 student 类型结构体的指针变量 p，并将 stud 的地址赋予 p，因此 p 指向 stud。然后对结构体变量成员进行赋值，最后在 printf 语句内用三种表示结构体成员的形式输出 stud 的各个成员值。从运行结果可以看出：三种用于表示结构体成员的形式是完全等效的。

2. 指向结构体数组的指针

既然结构体类型指针变量可以指向一个结构体变量，那么，结构体类型指针变量也可以指向一个结构体数组，这时结构体指针变量的值是整个结构体数组的首地址。同样，结构体指针变量也可指向结构体数组的一个元素，这时结构体指针变量的值是该结构体数组元素的首地址。设 ps 为指向结构体数组的指针变量,则 ps 指向该结构体数组的 0 号元素，ps+1 指向 1 号元素，ps+i 则指向 i 号元素。这与普通数组的情况是一致的。

若有以下声明：

```
struct student
{
        int num ;
        char *name ;
        char sex ;
        int age ;
        float score;
} ;
struct student st[3] = {{80601 , "Zhangsan", 'M', 19, 85.0},
                        {80602 , "Lisi", 'F', 18, 91.5 } ,
                        {80603 , "Wangdashan", 'M', 20, 76.5}};
        struct student *ps = st ;
```

则需要注意以下两点。

（1）结构体指针变量 ps 的初值为 st，即 ps 保存结构体数组 st 的首地址，ps 指向数组 st 的第一个元素，即 ps 的值为&st[0]，则表达式 ps+1 指向数组下一个元素的起始地址，即&st[1]。那么，可以有下面的表达式：

```
(++ps)->num     /*使 ps 自加 1，然后得到其所指元素的 num 成员值，即 80602*/
(ps++)->num     /*得到 ps->num 的值，即 80601，然后使 ps 自加 1，指向 st[1]*/
```

（2）ps 已定义为指向 struct student 类型数据的指针变量，它只能指向一个此结构体类型数据，也就是说，ps 只能用来保存 st 数组的某个元素的起始地址，而不能指向结构体类型数据的某一成员，即 ps 不能用来保存数组元素的某一成员的地址。例如：

```
ps =&st[1] ;
```

这是正确的。

```
ps =&st[0].num ;
```

这是错误的。

（3）但对于地址类型不相同的情况，若要实现赋值，可使用强制类型转换。例如：

```
ps =(struct student * )&st[0].num ;
```

【例 8.4】通过结构体指针对结构体数组进行操作。

参考程序如下：

```c
#include "stdio.h"
struct    student
{
    long num ;
    char name[20] ;
    char sex ;
    float score ;
    char addr[30] ;
} ;
int main( )
{
struct student stu[3] =
        { { 99301, "Zhangsan", 'M', 93.0, "No.4 Jinhua Road" } ,
          { 99312, "Lisi", 'M', 76.0, "No.102 Lianhu Road" } ,
          { 99327, "Susan", 'F', 87.0, "No.32 Heping Road" } } ;
    struct    student *p ;
    printf("No. Name            Sex Score Address\n") ;
    for( p = stu ; p < stu+3 ; p ++ )
        printf("%5ld %-20s %2c\t%5.1f\t%-30s\n",
        p->num, p->name, p->sex, p->score, p->addr ) ;
return 0;
}
```

运行结果如图 8-6 所示。

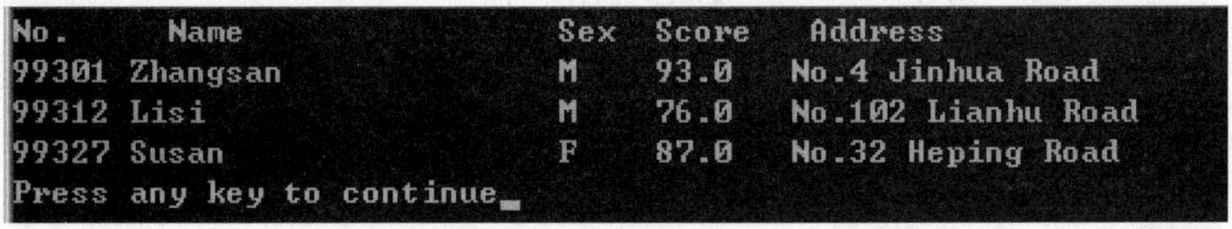

图 8-6　例 8.4 运行结果

程序中定义了 student 结构体类型，在 main 函数内定义了 student 结构体类型数组 stu 并作了初始化赋值，定义 p 为指向 student 类型的指针。在循环语句 for 的表达式 1 中，p 被赋予 stu 的首地址（这是对 p 的初始化），然后循环 5 次，输出 stu 数组中各成员值。

3．用指向结构体类型数据的指针作函数参数

在 ANSI C 标准中，允许用结构体变量作函数参数进行整体传递。但是这种传递要将全部成员逐个传递，特别是成员为数组时将会使传递的时间和空间开销很大，严重地降低了程序的效率。因此最好的办法就是使用指针，即用指向结构体类型数据的指针变量作函

实用 C 语言程序设计

数参数进行传递。这时由实参传递给形参的只是结构体类型数据的地址，通过结构体指针形参来对结构体类型数据进行操作，从而减少时间和空间的开销。

【例 8.5】用指向结构体变量的指针作函数参数。

参考程序如下：

```c
#include "stdio.h"
struct    student
{
    long num ;
    char  name[20] ;
    int score[4] ;
    int sum ;
    int average ;
} ;
int main( )
{
    void scorecpt (struct student *p );
    struct student st = { 99301, "Zhangsan", {85, 76, 92, 69}} ;
    scorecpt ( &st ) ;
    printf ( "\n 学号：%ld", st.num ) ;
    printf ( "\n 姓名：%s", st.name ) ;
    printf ( "\n 成绩 1：%d", st.score[0] ) ;
    printf ( "\n 成绩 2：%d", st.score[1] ) ;
    printf ( "\n 成绩 3：%d", st.score[2] ) ;
    printf ( "\n 成绩 4：%d", st.score[3] ) ;
    printf ( "\n 总分：%d", st.sum ) ;
    printf ( "\n 平均分：%d", st.average ) ;
    return   0;
}
void scorecpt (struct    student *p )
{
    inti , sum=0, avg ;
    for ( i = 0 ; i < 4 ; i++ )
      sum = sum+p->score[i] ;
    avg =sum/4 ;
    p->sum =sum ;
    p->average =avg ;
}
```

运行结果如图 8-7 所示。

图 8-7　例 8.5 运行结果

程序中定义了函数 scorecpt，其形参为结构体指针变量 p。在 main 函数中定义了结构体类型变量 st 并初始化赋值，并把 st 的首地址作实参调用函数 scorecpt，在函数 scorecpt 中完成计算总分和平均成绩。然后在主函数中通过 printf 语句输出结构体成员的值。

【例 8.6】用指向结构体数组元素的指针作函数参数。

参考程序如下：

```c
#include "stdio.h"
struct    student
{
    long num ;
    char name[20] ;
    int score[4] ;
    int sum ;
    int average ;
} ;
    int main( )
{
 void scorecpt (struct    student *p );
    struct student    *p ;
    struct student    st[5] =
    { { 99301, "Zhangsan", {85, 76, 92, 69}} ,
    { 99302, "Lisi", {74, 80, 71, 62}} ,
    { 99303, "Wangjing", {68, 88, 74, 78}} ,
    { 99304, "Huangming", {73, 68, 82, 75}} ,
    { 99305, "Liuxiang", {86, 78, 83, 90}}    } ;
    printf ( "\n\t***** 用指向结构体数组元素的指针作函数参数*****\n" );
    printf ( "\n 学号\t 姓名\t\t 成绩 1\t 成绩 2\t 成绩 3\t 成绩 4\t 总分\t 平均分" );
    for ( p = st ; p < st+5 ; p++ )
    {
    scorecpt ( p );
```

```
        printf ( "\n %ld", p->num ) ;
        printf ( "\t %-10s", p->name ) ;
        printf ( "\t %d", p->score[0] ) ;
        printf ( "\t %d", p->score[1] ) ;
        printf ( "\t %d", p->score[2] ) ;
        printf ( "\t %d", p->score[3] ) ;
        printf ( "\t %d", p->sum ) ;
        printf ( "\t %d", p->average ) ;
    }
        printf ( "\n" ) ;
        return 0;
}
void scorecpt (struct    student *p )
{
    inti, sum=0, avg ;
    for ( i = 0; i < 4; i++ )
    sum = sum+p->score[i] ;
    avg =sum/4 ;
    p->sum =sum ;
    p->average =avg ;
}
```

运行结果如图 8-8 所示。

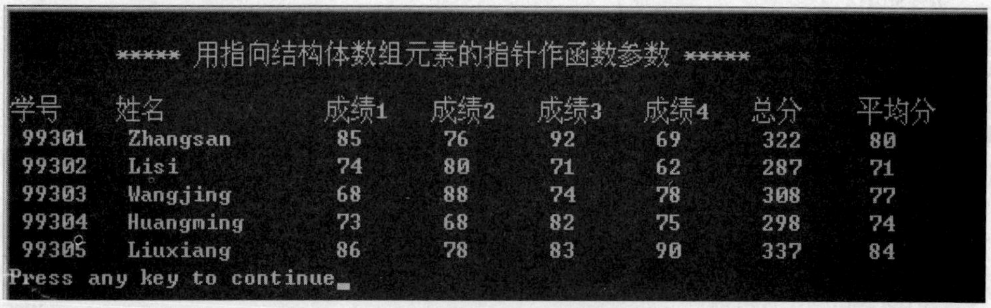

图 8-8　例 8.6 运行结果

程序中定义了函数 scorecpt，其形参为结构体指针变量 p。在 main 函数中定义了结构体指针变量 p 和结构体数组 st 并初始化赋值。在 for 循环中，把结构体数组 st 的首地址赋给结构体指针变量 p 作实参调用函数 scorecpt。在函数 scorecpt 中计算一个学生的总分和平均成绩，然后通过 printf 语句输出一个学生的信息。

【例 8.7】用结构体数组名作函数参数。

参考程序如下：

```
#include "stdio.h"
struct student
```

```
{
    long num;
    char name[20];
    int score[4];
    int sum;
    int average;
} ;
int main( )
{
    void scorecptall (struct student *p , int n);
    struct student *p ;
    struct student st[5] =
        { { 99301, "Zhangsan", {85, 76, 92, 69}},
        { 99302, "Lisi", {74, 80, 71, 62}},
        { 99303, "Wangjing", {68, 88, 74, 78}},
        { 99304, "Huangming", {73, 68, 82, 75}},
        { 99305, "Liuxiang", {86, 78, 83, 90}}};
    printf ( "\n\t***** 用结构体数组名作函数参数*****\n");
scorecptall ( st, 5) ;
    printf ( "\n 学号\t 姓名\t\t 成绩 1\t 成绩 2\t 成绩 3\t 成绩 4\t 总分\t 平均分" ) ;
for ( p = st ; p < st+5 ; p++ )
    {
        printf ( "\n%ld", p->num);
        printf ( "\t%-10s", p->name);
        printf ( "\t%d", p->score[0]);
        printf ( "\t%d", p->score[1]);
        printf ( "\t%d", p->score[2]);
        printf ( "\t%d", p->score[3]);
        printf ( "\t%d", p->sum ) ;
        printf ( "\t%d", p->average ) ;
    }
    printf ( "\n");
    return 0;
}
void scorecptall (struct student *p , int n)
{
inti, sum, avg;
    struct    student *q;
for ( q = p; q < p+n; q++)
    {
```

```
        sum=0;
        for ( i = 0 ; i < 4 ; i++ )
            sum = sum+q->score[i];
        avg =sum/4;
        q->sum =sum;
        q->average =avg;
    }
}
```

运行结果如图 8-9 所示。

***** 用结构体数组名作函数参数 *****

学号	姓名	成绩1	成绩2	成绩3	成绩4	总分	平均分
99301	Zhangsan	85	76	92	69	322	80
99302	Lisi	74	80	71	62	287	71
99303	Wangjing	68	88	74	78	308	77
99304	Huangming	73	68	82	75	298	74
99305	Liuxiang	86	78	83	90	337	84

图 8-9 例 8.7 运行结果

程序中定义了函数 scorecptall，其形参为结构体指针变量 p。在 main 函数中定义了结构体指针变量 p 和结构体数组 st 并初始化赋值。把结构体数组 st 的首地址作实参调用函数 scorecptall。在函数 scorecptall 中计算每个学生的总分和平均成绩。然后在主函数中通过 for 循环语句中的 printf 语句输出每个学生的信息。

8.1.5 链表

动态数据结构最大的优点是数据的多少及其相互之间的逻辑关系可以在程序执行的过程中按具体需要进行改变。常用的动态数据结构有链表、树和图等。

1. 动态存储分配函数

在数组一章中，曾介绍过数组的长度是预先定义好的，在整个程序执行过程中数组的长度固定不变。C 语言中不允许动态数组类型。例如：

```
int n;
scanf ("%d",&n) ;
int a[n];
```

这是错误的，用变量表示长度，想要对数组的大小作动态说明。

但是在实际的编程中，往往会发生这种情况，即所需的内存空间取决于实际输入的数据，而输入数据的个数预先无法确定。对于这种问题，用数组的办法很难解决。为了解决上述问题，C 语言提供了一些内存管理函数，这些内存管理函数可以按需要动态地分配内存空间，也可把不再使用的空间回收待用，为有效地利用内存资源提供了手段。

常用的运算符以及内存管理函数如下。

（1）求字节数运算符 sizeof

格式：

sizeof(类型名或变量名)

运算符的功能是返回指定类型或变量的长度。例如有如下定义：

float　ft ;

char　ch[12] ;

那么，sizeof(ft)的值为 4，sizeof(ch)的值为 12，sizeof(double)的值为 8。

（2）分配内存空间函数 malloc（）

函数调用形式：

void * malloc (size)

函数的功能是在内存的动态存储区中分配一块长度为"size"字节的连续区域。函数的返回值为该区域的首地址。

例如：

char　pc ;

pc=(char *)malloc(100);

表示分配 100 个字节的内存空间，并强制转换为字符数组类型，函数的返回值为指向该字符数组的指针，把该指针赋予指针变量 pc。

（3）分配内存空间函数　calloc（）

函数调用形式：

void * calloc (n , size)

函数的功能是在内存动态存储区中分配 n 块长度为"size"字节的连续区域。函数的返回值为该区域的首地址。

例如：

struct student *ps ;

ps = (struct student *) calloc (2 , sizeof (struct student)) ;

其中的 sizeof (struct student)是求 struct student 的结构长度。因此该语句的意思是：按 struct student 结构体类型数据的长度分配 2 块连续区域，强制转换为 struct student 类型，并把其首地址赋予结构体指针变量 ps。

（4）释放内存空间函数 free（）

调用形式：

void　free (void * ptr) ;

函数的功能是释放 ptr 所指向的一块内存空间。

说明：ptr 是一个任意类型的指针变量，它指向被释放区域的首地址。被释放区应是由 malloc 或 calloc 函数所分配的区域。

例如：释放上面示例中指针 pc 和 ps 所指向的内存空间。

free (pc) ;

free (ps) ;

需要说明的是，动态存储分配函数的原型在头文件<alloc.h>或<stdlib.h>中。

2．动态数据结构——"链表"

将逻辑上相邻的数据分配在物理上相邻的存储单元中，数据之间的逻辑关系通过存储单元的邻接关系来体现，这样的存储方式称为"顺序存储"。

将逻辑上相邻的数据分配在物理上离散的存储单元中，然后在每一个存储单元中存入相邻者的存储地址，使数据之间的逻辑关系通过地址的链接关系来体现，这样的存储方式称为"链接存储"。

所谓"链表"就是把存放在离散的存储单元中的数据用地址链接而成的数据链。链表实例如图 8-10 所示。

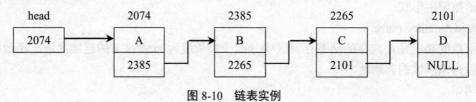

图 8-10　链表实例

链表中有一个"头指针"(head)，该指针指向第一个元素，若 head 指针的值为"NULL"（空值），则表示此链表为空表，即链表中不包括任何元素。链表中的每一个元素称为一个"结点"，每个结点都包括两部分信息，一部分信息是数据域，存放各种实际的数据，如学号 num，姓名 name，性别 sex 和成绩 score 等。另一部分信息为指针域，存放下一个结点在内存中的起始地址。链表中的每一个结点都是同一种结构类型。也就是说，头指针保存第一个结点的内存地址，第一个结点的指针域保存第二个结点的内存地址，以此类推下去，直到最后一个结点，最后一个结点不再指向其他结点，此结点称为"表尾"，其指针域放了一个"NULL"，表示链表到此结束。

从上述的内容中可以看出，链表的各个元素在内存中可以不连续存放。要找到某一个结点，必须先找到上一个结点，根据其提供的地址，才能找到下一个结点。这种结构在日常生活中，也常常用到，比如：一条铁链，一环套一环，中间不能断开；在格式化好的磁盘中，都有一个文件分配表（FAT），这个文件分配表就是一个典型的链表结构。

3．链表结点的结构描述

链表的结点是一个结构类型，其指针域所指的对象是一个与其自身类型完全相同的结构体变量，这就形成了结构体类型的递归定义。

链表结点的类型定义：

```
struct   结构体  类型名
{
    数据成员表列 ;
    struct   结构体名 * 指针成员名 ;
};
```

例如，一个存放学生学号和成绩的结点应为以下结构：

```
struct   student_list
{
int   num ;
```

```
int    score ;
struct    student_list *next ;
} ;
```

在上面的声明中，前两个成员项组成数据域，后一个成员项 next 构成指针域，是一个指向 struct student_list 类型结构的指针变量成员。

4．链表的基本操作

对链表的基本操作有创建、检索（查找）、插入、删除和修改等。

（1）创建链表：指从无到有地建立起一个链表，即往空链表中依次插入若干结点，并保持结点之间的关系。

【例 8.8】建立一个链表，存放学生数据。为简单起见，假定学生数据结构中只有学号一项。

参考程序如下：

```
#include "stdio.h"
#include "string.h"
struct student_type
{
  int num;
  struct    student_type    *next;
};

    struct    student_type *creatlinklist ( int    n )
{    struct    student_type*head,*pf,*pb;
    int    i ;
    for(i=0;i<n ; i++ )
  {
    pb=( struct student_type *) malloc(sizeof (struct student_type ) ) ;
    printf("Input Number \n" ) ;
    scanf("%d ",&pb->num ) ;
    pb->next = NULL ;
    if(i==0)pf=head=pb;
    else    { pf->next = pb ;    pf=pb; }
  }
  return(head);
}
```

（2）结点检索：指按给定的结点特征或检索条件，查找某个结点。如果找到指定的结点，则称为检索成功；否则，称为检索失败。

（3）结点插入：指在结点 a 与结点 b 之间插入一个新的结点 x，使线性表的长度增 1，且结点 a 与结点 b 的逻辑关系发生如下变化：插入前，结点 a 是结点 b 的前驱，结点 b 是结点 a 的后继；插入后，新插入的结点 x 成为结点 a 的后继、结点 b 的前驱，如图 8-11 所示。

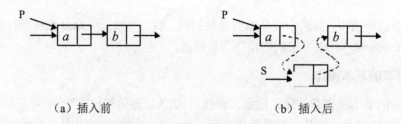

（a）插入前　　　　　　　　（b）插入后

图 8-11　链表的插入操作

【例 8.9】编写函数，在指定结点之后插入结点。

参考程序如下：

```
void insert (struct student_type * p , int num )
{
    struct student_type *s ;
    s=( struct student_type *) malloc(sizeof (struct student_type ) ) ;
    s->next = p->next ;
    p->next = s ;
}
```

（4）结点删除：指删除结点 b，使线性表的长度减 1，且结点 a、结点 b 和结点 c 之间的逻辑关系发生如下变化：删除前，结点 b 是结点 c 的前驱、结点 a 的后继；删除后，结点 a 成为结点 c 的前驱，结点 c 成为结点 a 的后继，如图 8-12 所示。

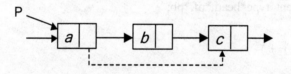

图 8-12　链表的删除操作

【例 8.10】编写函数，删除指定结点之后的结点。

参考程序如下：

```
void delete (struct student_type * p )
{   struct student_type *s ;
    s=p->next ;
    p->next = p->next->next;
    free (s) ;
}
```

8.2　共用体数据类型

8.2.1　共用体类型的定义

在某些应用场合中，需要一个变量在不同的时候具有不同类型的值，这些不同类型的值所占用的存储空间当然也可能是不同的。例如，设计一个统一的结构用来保存学生和教师的信息。无论是学生还是教师，都包括编号、姓名、性别和出生日期等信息，此外，对于学生还有班级编号的信息，而对于教师则有所属部门的信息。显然，班级编号和所属部门是不同类型的数据。要使这两种不同类型的数据能存放在同一个地方且占据同样大小的存储空间，只有利用共用体（也称为联合）来解决这个问题。

与结构体类型相类似，共用体也是一种数据类型，共用体类型的定义及共用体变量的定义方法与结构体的相应定义是相同的，只要将结构体类型定义和结构体变量定义中的关键字 struct 改成关键字 union 即可。

定义共用体类型的一般形式为：

union　共用体类型名
{
　　成员表列
};

在这里，与结构体类型定义时的成员表列相同，共用体类型成员表列也是由若干个成员组成，每个成员都是该共用体类型的一个组成部分。对每个成员也必须作类型说明，其一般形式为：

类型说明符　成员名;

同样，成员名的命名应符合标识符的命名规定。

例如：

union data
{
int　　　i;
float　　f;
char　　ch;
}a,b,c;

也可以类型声明与变量定义分开：

union data
{
int　　　i;
float　　f;
char　　ch;
};
union data　a,b,c;

共用体与结构体有一些相似之处，但两者有本质上的不同。在结构体中各成员有各自的存储单元，一个结构体类型变量所占用存储单元的大小是各成员所占用存储单元大小之和。而在共用体中，各成员共享一段存储单元，一个共用体类型变量所占用存储单元的大小等于各成员中所占用存储单元最大的值，如图 8-13 所示，共用体变量 a 所占用存储单元的大小为 4 字节，因为其成员 f 所占用存储单元最大。

内存地址
8000

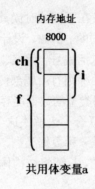

共用体变量a

图 8-13　共用体变量的内

8.2.2　共用体变量的引用

引用共用体变量成员的一般形式是：
共用体　变量名.成员名
例如：
union data
{
int 　　　i ;
float 　　f ;
char 　　ch ;
} a , b , c ;
此时，a、b、c 为共用体变量。那么，下面的引用是正确的：
a.i 　　　　/* 引用共用体变量 a 中的整型成员 i */
a.f 　　　　/* 引用共用体变量 a 中的实型成员 f */
a.ch 　　　/* 引用共用体变量 a 中的字符型成员 ch */
而不能引用共用体变量，例如：
printf ("%d" , a) ;
这是错误的。
在使用共用体类型数据时应注意以下几点。
（1）任一时刻共用体类型变量只有一个成员起作用。共用体类型变量中起作用的成员是最后一次存取的成员。
（2）共用体变量各成员的内存起始地址是相同的，共用体变量的内存起始地址和其各成员的地址是相同的。

（3）共用体变量赋值时需要注意：

①不能对共用体变量名赋值。例如有共用体类型变量 a，下面的语句是错误的：

```
a = 13 ;          /*  将一个整型常量赋值给共用体变量 a */
a = 3.14 ;        /*  将一个实型常量赋值给共用体变量 a */
a = 'A' ;         /*  将一个字符型常量赋值给共用体变量 a */
```

②不能企图引用共用体变量来得到一个值。例如有共用体类型变量 a、b，下面的语句是错误的：

```
b = a ;
printf ( "%d", a ) ;
```

③不能在定义共用体变量时进行初始化，例如下面的初始化是错误的。

```
union data    a = 100 ;
union data    a = { 13 , 3.14 ,M} ;
```

（4）共用体成员数据类型可以是基本数据类型、数组、指针，也可以是结构体类型。

（5）共用体变量不能用作函数的参数；但是共用体变量的成员可以用作函数的参数。

（6）可以使用指向共用体变量的指针。

（7）可以定义共用体数组。

（8）共用体类型可以作为结构体成员的类型。

8.2.3　共用体的应用

【例 8.11】设有一个教师与学生通用的表格，教师数据有姓名，年龄，职业，教研室四项。学生有姓名、年龄、职业和班级四项。

参考程序如下：

```
#include   "stdio.h"
#include   "string.h"
struct   datatype
{
    char name[10] ;
    int age ;
    charjob;
    union { long int class ;  char office[10] ;} depa;
} ;
void main( )
{
    struct datatype body[3];
    inti;
    for ( i = 0 ; i<3;i++)
{
    printf ("input name , age , job and department\n");
```

```
        scanf ("%s %d %c",body[i].name,&body[i].age,&body[i].job);
        if ( body[i].job=='s' )
            scanf ("%ld" , &body[i].depa.class);
        else
            scanf ("%s" , body[i].depa.office ) ;
    }
    printf ( "name\tage job class/office\n");
    for ( i=0 ; i<3;i++)
    {
        if ( body[i].job=='s' )
            printf ( "%s\t%3d %3c%ld\n", body[i].name,body[i].age,
                    body[i].job,body[i].depa.class);
        else
            printf ( "%s\t%3d %3c%s\n",body[i].name,body[i].age,
                    body[i].job , body[i].depa.office ) ;
    }
}
```

运行结果如图 8-14 所示。

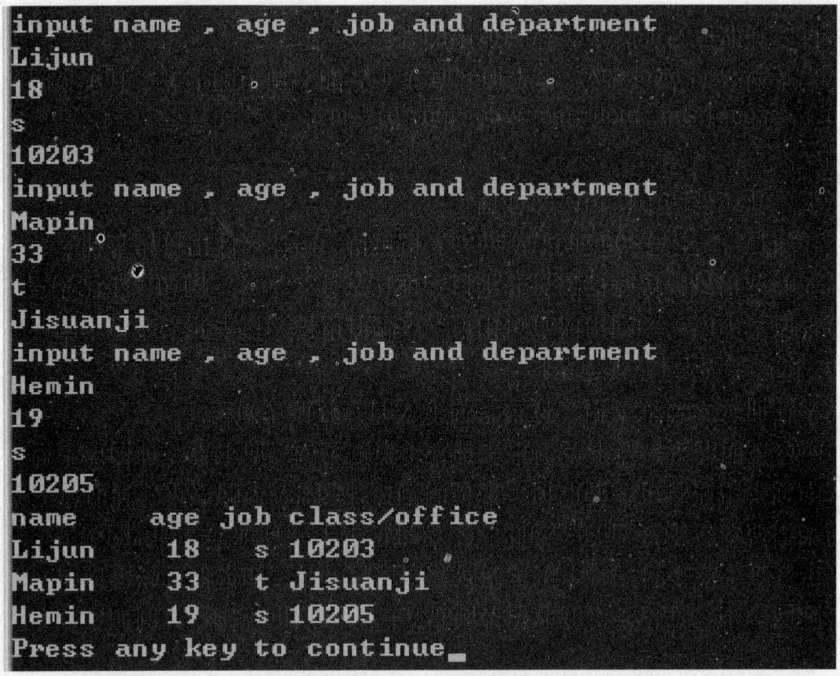

图 8-14　例 8.11 运行结果

8.3　枚举数据类型

在实际问题中，有些变量的取值被限定在一个有限的范围内。例如，一个星期内只有七天，一年只有十二个月，一个班每周有六门课程等等。如果把这些量说明为整型，字符型或其他类型显然是不妥当的。为此，C 语言提供了一种称为"枚举"的类型。在"枚举"类型的定义中列举出所有可能的取值，被说明为该"枚举"类型的变量，其取值不能超过定义的范围。应该说明的是，枚举类型是一种基本数据类型，而不是一种构造类型，因为它不能再分解为任何基本数据类型。枚举类型定义的一般形式为：

enum 枚举类型名{枚举值表}；

在枚举值表中应一一列出所有可用值。这些值也称为枚举元素或枚举常量。枚举元素是用户定义的标识符。这些标识符并不自动地代表什么含义。例如，不因为写成 sun，就自动代表"星期天"，不写 sun 而写成 sunday 也可以。用什么标识符代表什么含义，完全由程序员决定，并在程序中作相应的处理。

例如：

enum weekday{ sun , mon , tue , wed , thu , fri , sat }；

该枚举类型名为 weekday，枚举值共有 7 个，即一周中的七天。凡被说明为 weekday 类型的变量，其取值只能是 7 个枚举值中的某一个。

声明了枚举类型就可以定义枚举类型变量。枚举类型变量在定义时，可以先定义枚举类型，然后定义变量，例如：

enum　weekday　workday , weekend；

也可以在声明枚举类型的同时定义枚举类型变量，例如：

enum　weekday { sum , mon , tue , wed , thu , fri , sat } workday , weekend；

说明：

（1）在进行编译的时候，将枚举元素按常数处理，故称枚举常量。枚举元素不是变量，不能对枚举元素赋值。例如：

sun=0；

mon=1；

这是错误的。

此外，还应该说明的是枚举元素不是字符常量也不是字符串常量，使用时不能用单、双引号将其括起来。

（2）枚举元素作为常量，是有值的，在进行编译的时候，按枚举元素定义的顺序使其值分别为 0，1，2，…。在下面的说明中

enum　weekday { sum , mon , tue , wed , thu , fri , sat } workday , weekend；

sun 的值为 0，mon 的值为 1，…，sat 的值为 6。如果有如下赋值语句：

workday=mon；

则 workday 变量的值为 1。这个整数是可以输出的。例如：

printf("%d",workday)；

将输出整数 1。

也可以改变枚举元素的值，在定义时由程序员指定。例如：

enum weekday {sun=7,mon=1,tue,wed,thu,fri,sat} workday,weekend;

则定义枚举元素 sun 的值为 7，mon 的值 1，以后的枚举元素值按顺序依次加 1，枚举元素 sat 的值为 6。

（3）枚举值可进行关系运算。例如：

if (workday==mon)　x = 1；

if (workday>sun)　x = 2；

枚举值的关系运算规则是：按其在说明时的顺序号比较。如果说明时没有人为指定枚举元素的取值，则第一个枚举元素的值认作 0。故关系表达式 mon<sun 的值为 0，而关系表达式 sat>fri 的值为 1。

（4）一个整数不能直接赋值给一个枚举类型变量。例如：

workday=2;

这是错误的。参与赋值运算的两个操作数 workday 和 2 属于不同的数据类型，应先进行强制类型转换才能赋值。例如：

workday=(enum weekday)2;

相当于将顺序号为 2 的枚举元素赋给枚举类型变量 workday，即相当于：

workday=tue;

甚至可以是表达式。例如：

workday=(enum　weekday)(5-3)；

8.4　自定义类型

C 语言不仅提供了丰富的数据类型，而且还允许由用户自己定义类型说明符，也就是说允许由用户为数据类型取"别名"。类型定义符 typedef 即可用来完成此功能。例如，有整型变量 a，b，其定义形式如下：

int　a，b；

其中 int 是整型变量的类型说明符。整数的完整写法为 integer，为了增加程序的可读性，可对整型说明符 int 用 typedef 重新命名，例如：

typedef　int　INTEGER；

以后就可用 INTEGER 来代替 int 作整型变量的类型说明符了。

例如：

INTEGER　a，b；

等效于：

int　a，b；

typedef 定义的一般形式为：

typedef　原类型名新类型名

其中原类型名为已存在的数据类型名，新类型名一般用大写表示，以便于区别。

用 typedef 进行类型定义，将对编程带来很大的方便，不仅使程序书写简单而且使意义更为明确，因而增强了程序的可读性。

（1）用 typedef 定义数组

例如：

typedef int NUM[50] ；　　/* 声明 NUM 为长度为 50 的整型数组类型 */

NUM s1, s2;　　　　　　/* 定义 s1、s2 为整型数组变量 */

变量 s1, s2 的定义等效于：

int s1[50] , s2[50] ；

（2）用 typedef 定义指针

例如：

typedef　char　*STRING ；　/* 声明 STRING 为字符指针类型 */

STRING　p , st[6] ；　　　　/* 定义 p 为字符指针变量, st 为字符指针数组 */

p , st 的定义等效于：

char *p, *st[6] ；

（3）用 typedef 定义结构体类型

例如：

typedef struct student

{

long num ；

char *name ；

int age ；

char sex ；

} STUDENT ；

定义 STUDENT 表示结构体类型 struct student, 然后可用 STUDENT 来说明结构变量：

STUDENT　stu1 , stu2;

等效于：

struct student stu1, stu2 ；

说明：

（1）用 typedef 可以声明各种类型名，但不能用来定义变量。

（2）用 typedef 只是对已经存在的类型增加一个别名，而没有创造出新的类型。例如：

typedef int COUNT ；

此处声明的整型类型 COUNT，只是对 int 型另给了一个新名字。

（3）typedef 与#define 有相似之处，例如：

typedef int COUNT ；

和

#define int COUNT

的作用都是用 COUNT 代表 int，但它们是不同的。#define 是由预处理完成的，只能作简单的字符串替换，而 typedef 则是在编译时完成的，后者更为灵活方便。

总上所述，typedef 命令只是用新的类型名代替已有的类型名，并没有为用户建立新的数据类型。使用 typedef 进行类型定义可以增加程序的可读性，并且为程序移植提供方便。

第9章 文 件

　　文件是程序设计中的一个重要概念，它是指存储在外部介质（如磁盘）上数据的集合。操作系统就是以文件为单位进行数据管理的。在前序章节所学的内容中，都只能在程序运行时显示执行的结果，无法将执行的结果保存起来以供查看。在实际应用中，能够永久存储信息是非常重要的。通过文件，可以进行大批量的数据操作和数据存储。例如，如何用动态数据结构建立一个学生成绩管理系统，对于输入的学生信息，怎样以文件的形式保存下来？本章将介绍文件的概念，以及使用 C 语言对文件进行操作的方法。

9.1 文件的基本知识

　　文件是指一组相关数据的有序集合，这个数据集的名称就是文件名。文件一般是存储在外部介质（如磁盘）上的，在使用时才调入内存。操作系统是以文件为单位对数据进行管理的，也就是说，如果想找存放在外部介质上的数据，必须先按文件名找到所指定的文件，然后再从该文件中读取数据。要向外部介质上存储数据也必须先建立一个文件（以文件名为标识），才能向它输出数据。

　　文件标识常被称为文件名，完整的文件名实际上包括文件路径、文件名主干和文件后缀 3 部分内容。其中，文件名主干的命名规则遵循标识符的命名规则。后缀用来表示文件的性质，一般不超过 3 个字母。

　　前序章节中，我们已经多次使用过文件，例如 C 语言源程序文件(.c)、目标文件(.obj)、可执行文件（.exe）、头文件（.h）等，包括我们熟悉的文本文件（.txt）、图形文件（.bmp）等，都属于文件。

9.1.1　文件分类

从用户的角度看，文件可分为普通文件和设备文件两种。

普通文件是指驻留在磁盘或其他外部介质上的一个有序数据集，可以是源文件、目标文件、可执行文件；也可以是一组待输入处理的数据，或是一组输出的结果，如一批学生的成绩数据、货物交易的数据等。

根据文件的内容，文件可分为程序文件和数据文件。源文件、目标文件、可执行文件可称为程序文件，输入输出的数据可称为数据文件。本章主要讨论的是数据文件。

设备文件是指与计算机主机相关联的各种外部设备，如显示器、打印机、键盘等。为简化用户对输入输出设备的操作，操作系统把各种外部设备都统一作为文件来处理，把它们的输入、输出等同于对磁盘文件的读和写。

通常把显示器定义为标准输出文件，一般情况下，在屏幕上显示有关信息就是向标准输出文件输出，如 printf、putchar 函数就属于此类输出操作；键盘通常被定义为标准输入文件，从键盘上输入信息就相当于从标准输入文件输入数据，如 scanf、getchar 函数就用来实现此类输入操作。

根据数据的组织形式或编码方式，数据文件可分为 ASCII 码文件和二进制文件。

ASCII 文件也称为文本文件，在文本文件中，一个字节存放一个 ASCII 代码，代表一个字符。ASCII 码文件按字符显示，因此我们能读懂文件内容，便于检查或编辑，例如，C 程序的源代码是存储在文本文件中的。但此种形式占用空间较大，读写操作要进行转换。例如，数字 32767 的存储形式为'3'、'2'、'7'、'6'、'7'，占用 5 个字节，如图 9-1 所示。

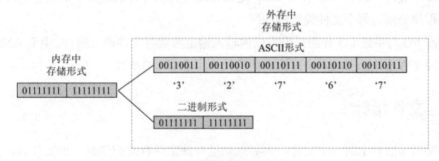

图 9-1　数据文件的存储形式

二进制文件按照二进制码的编码方式来存放文件。例如，数字 32767 的存储形式为 0111111111111111，只占两个字节，如图 9-1 所示。它节省了空间与转换时间，读写效率高，但不能直接输出字符。因此，作为中间数据暂时保存在磁盘上，之后又要输入到内存的数据，常用二进制文件保存。

C 语言在系统在处理这些文件时，并不区分文件类型，而是将数据看作是字节流，不考虑记录的界限。即 C 文件输入/输出数据流的开始和结束仅受程序控制而不受物理符号（如回车换行符）控制，在输出时不会自动增加回车换行符以作为记录结束的标志，输入时也不以回车换行符作为记录的间隔（C 文件不由记录构成）。因此，也把这种文件称为流式文件。C 语言允许对文件存取一个字符，增加了处理的灵活性。

9.1.2 文件系统

在 C 语言中，根据操作系统对文件的处理方式不同，文件系统分为"缓冲文件系统"和"非缓冲文件系统"。ANSI C 规定采用缓冲文件系统。

缓冲文件系统（又称标准 I/O）是指操作系统自动在内存中为每个正在使用的文件开辟一个文件缓冲区。从计算机内存向磁盘输出数据必须先送到缓冲区，待缓冲区装满后才一起送到磁盘。类似的，如果从磁盘读入数据到计算机内存，则一次从磁盘文件将一批数据输入到内存缓冲区，然后再从缓冲区逐个地将数据送到程序数据区，赋给程序变量，如图 9-2 所示。缓冲区的大小由各个具体的 C 编译系统确定。缓冲文件系统解决了高速 CPU 与低速磁盘之间的数据读写问题，既提高了外村的使用寿命，也提高了整个系统的效率。

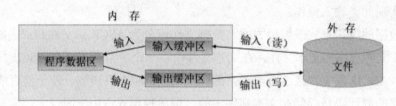

图 9-2 "缓冲文件系统"示意图

非缓冲文件系统（又称系统 I/O）是指系统不自动开辟确定大小的内存缓冲区，而由各个程序分别为每个文件设定缓冲区。

标准 I/O 与系统 I/O 分别采用不同的输入输出函数对文件进行操作。由于 ANSI C 只采用缓冲文件系统，因此本章讨论的均为处理标准 I/O 的函数。

9.1.3 文件指针

若要调用磁盘上的一个文件，则必须知道与该文件有关的信息，如文件名、文件的当前读写位置、文件缓冲区大小与位置、文件的操作方式等。这些信息被 C 语言系统保存在一个称为 FILE 的结构体中，它是在头文件"stdio.h"中定义的，其文件类型声明为：

```
typedef struct
{
    int level;              /* 缓冲区"满"或"空"的程度 */
```

```
    unsigned flags;           /* 文件状态标志 */
    char fd;                  /* 文件描述符 */
    unsigned char hold;       /* 如无缓冲区，则不读取字符 */
    int bsize;                /* 缓冲区大小 */
    unsigned char *buffer;    /* 数据缓冲区位置 */
    unsigned char *curp;      /* 文件定位指针 */
    unsigned istemp;          /* 临时文件指示器 */
    short token;              /* 用于有效性检查 */
} FILE;
```

有了结构体 FILE 类型之后，可以用它来定义若干个 FILE 类型的变量，以便存放若干个文件的信息。例如：

FILE f[4];

定义了一个结构体数组 f，它有 4 个元素，可以用来存放 4 个文件的信息。对于每一个要操作的文件，都必须定义一个指针变量，并使它指向该文件的结构体变量，从而通过该结构体变量中的文件信息访问该文件。这个指针称为文件指针。通过文件指针，可找到被操作文件的描述信息，就可以对该文件指针所指向的文件进行各种操作。声明文件指针的一般形式为：

FILE * 指针变量标识符 ;

例如定义一个文件型指针变量：

FILE * fp ;

表示 fp 是一个指向 FILE 类型结构体的指针变量。可以使 fp 指向某一个文件的结构体变量，从而通过该结构体变量中的文件信息访问该文件。如果有 n 个文件，则一般声明 n 个 FILE 类型的指针变量，使它们分别指向 n 个文件所对应的结构体变量。如：

FILE * fp1, * fp2,* fp3,* fp4 ;

9.2　文件的基本操作

文件的基本操作包括文件的打开和关闭。操作文件的一般步骤为：打开文件→操作文件→关闭文件。

打开文件是指建立用户程序与文件的联系，为文件开辟文件缓冲区，使文件指针指向该文件，以便进行其他操作。关闭文件是指切断文件与用户程序的联系，将文件缓冲区的内容写入磁盘，并释放文件缓冲区，禁止再对该文件进行操作。

9.2.1　打开文件

文件在进行读写操作之前要先打开，使用完毕要关闭。所谓打开文件，实际上是建立文件的各种有关信息，并使文件指针指向该文件，以便进行其他操作。ANSI C 规定了用标准 I/O 函数 fopen 函数来实现文件的打开。fopen 函数的调用方式一般为：

FILE　*文件指针名；

文件指针名 = fopen（文件名，使用文件方式）；

其中，

（1）"文件指针名"必须是被说明为 FILE 类型的指针变量。

（2）"文件名"是被打开文件的文件名。必须是一个字符串常量组成的有效文件名，可能包含关于文件位置的信息，例如驱动器号或路径。

（3）"使用文件方式"是说明文件打开方式的字符串，以指定文件的类型和操作要求。

（4）函数返回值是文件首地址，显然文件指针指向了文件的首地址。

例如：

FILE *fp；　//定义一个指向文件的指针变量 fp

fp = fopen　（"a1","r"）；　　　/*将 fopen 函数的返回值赋给指针变量 fp*/

它表示要打开名字为 a1 的文件，使用文件方式为"读入"，fopen 函数带回指向 a1 文件的指针并赋给 fp，这样 fp 就与 a1 相联系了，或者说 fp 指向 a1 文件。可以看出，在打开一个文件时，通知编译系统以下 3 个信息：①需要打开文件的名字，也就是准备访问的文件的名字；②使用文件的方式（"读"还是"写"等）；③让哪一个指针变量指向被打开的文件。

使用文件的方式不仅依赖于稍后将要对文件采取的操作内容，还取决于文件上的数据是文本形式还是二进制形式。为了打开一个文本文件，可以采用表 9-2 中的一种文件打开方式的字符串。

表 9-2　文本文件使用方式字符串表

字符串	含义
"r"	打开文件用于读
"w"	打开文件用于写（文件不需要存在）
"a"	打开文件用于追加（文件不需要存在）
"r+"	打开文件用于读和写，从文件头开始
"w+"	打开文件用于读和写（如果文件存在就截去）
"a+"	打开文件用于读和写（如果文件存在就追加）

当使用 fopen 打开二进制文件时，需要在文件打开方式字符串中包含字母 b。表 9-3 列出了用于二进制文件的文件打开方式的字符串。

表 9-3　二进制文件的使用方式字符串表

字符串	含义
"rb"	打开文件用于读
"wb"	打开文件用于写（文件不需要存在）
"ab"	打开文件用于追加（文件不需要存在）
"r+b"或者"rb+"	打开文件用于读和写，从文件头开始
"w+b"或者"wb+"	打开文件用于读和写（如果文件存在就截去）
"a+b"或者"ab+"	打开文件用于读和写（如果文件存在就追加）

从表 9-2 和表 9-3 可以看出"tdio.h"对写数据和追加数据进行了区分。当给文件写数据时，通常会对先前的内容覆盖写。然而，当为追加打开文件时，试图给文件写数据实际是在文件末尾进行添加，因而会留存文件的原始内容。

当文件不存在或无法打开文件时，fopen 函数会返回空指针 NULL，表示文件不存在，或者文件在错误的地方，再或者是未获得打开文件的许可。常用以下方法打开一个文件：

if　（（fp = fopen　（"file1.txt"，"r"））＝＝ NULL　）

{

　　　printf　（"file open error!\n"）；

　　　exit　（0）；

}

此处 exit（）函数的调用方式一般为：

void exit（[程序状态值]）；

它在"stdlib.h"中声明，其功能是关闭已打开的所有文件，终止程序运行，返回操作系统，并将程序状态值返回给操作系统。通常当程序状态值为 0 时，表示程序正常退出；非 0 值时，表示程序出错退出。

9.2.2　关闭文件

文件使用完之后，一定要关闭文件，否则数据可能丢失。在关闭文件之前，先将缓冲区的数据输出到磁盘文件中，再释放文件指针变量。关闭文件后，文件指针变量不再指向该文件，即此后不能再通过该指针对其相连的文件进行读写操作。除非再次打开，使该指针变量重新指向该文件。用 fclose 函数关闭文件，其一般形式为：

fclose　（文件指针）；

例如：

fclose（fp）；

前面曾用 fopen 函数打开文件时所带回的指针赋给了 fp，现通过 fp 将该文件关闭，即 fp 不再指向该文件。

如果成功关闭了文件，那么 fclose 函数会返回 0；否则，它将会返回错误代码 EOF（在"stdio.h"中定义的宏）。

【例 9.1】以"只写"方式打开一个 D 盘根目录下的文件 flie_1.txt，若成功输出"file open OK！"，则关闭该文件；否则输出"file open error！"，终止程序。

参考程序如下：

```
#include <stdio.h>
#include <stdlib.h>
int main ()
{
    FILE *fp;
    fp=fopen ("d:\\file_1.txt", "w") ;
    if (fp==NULL)
    {
        printf ("file open error!\n") ;
        exit  (0) ;         /*终止程序*/
    }
    else
    {
        printf ("file open OK!\n") ;
        fclose (fp) ;
    }
    return 0;
}
```

9.3 文件的操作函数

在 C 语言中，文件操作都是由库函数来完成的。在本节内将介绍读写、定位和出错等主要的文件操作函数。

9.3.1 文件的读写

文件打开之后，就可以对它进行读写了。通常 C 语言的文件读写函数是成对出现的，即有读就有写。在 C 语言中提供了多种文件读写的函数：

字符读写函数：fgetc 函数和 fputc 函数。

字符串读写函数：fgets 函数和 fputs 函数。

数据块读写函数：freed 函数和 fwrite 函数。

格式化读写函数：fscanf 函数和 fprinf 函数。

下面分别予以介绍。使用以上函数都要求包含头文件"stdio.h"。

1．文件的字符读写

字符读写函数是以字符（字节）为单位的读写函数。每次可从文件读出或向文件写入一个字符。

（1）读字符函数 fgetc（）

函数调用的形式为：

字符变量 = fgetc（文件指针）；

函数的功能是从"文件指针"所指向的文件中，读入一个字符，同时将读写位置指针向前移动 1 个字节（即指向下一个字符）。该函数无出错返回值。

例如：

ch= fgetc（fp）；

语句作用是从文件指针 fp 所指的文件中读一个字符送入字符变量 ch 中，同时将 fp 的读写位置指针向前移动到下一个字符。

对于 fgetc 函数的使用有以下几点说明。

①在 fgetc 函数调用中，读取的文件必须是以读或读写方式打开的。

②读取字符的结果也可以不向字符变量赋值，例如：

fgetc（fp）；

此时，读出的字符不能保存。

在文件内部有一个位置指针。用来指向文件的当前读写字节。在文件打开时，该指针总是指向文件的第一个字节。使用 fgetc 函数后，该位置指针将向后移动一个字节。因此可连续多次使用 fgetc 函数，读取多个字符。应注意文件指针和文件内部的位置指针不是一回事。文件指针是指向整个文件的，须在程序中定义说明，只要不重新赋值，文件指针的值是不变的。文件内部的位置指针用以指示文件内部的当前读写位置，每读写一次，该指针均向后移动，它不需在程序中定义说明，而是由系统自动设置的。

（2）写字符函数 fputc（）

函数调用的形式为：

fputc（字符数据，文件指针）；

其中字符数据既可以是字符常量，也可以是字符变量。

函数的功能是将字符数据输出到"文件指针"所指向的文件中去，同时将读写位置指针向前移动 1 个字节（即指向下一个写入位置）。如果输出成功，则函数返回值就是输出的字符数据；否则，返回一个符号常量 EOF（其值在头文件"stdio.h"中，被定义为-1）。

例如：

fputc （'a', fp ）；

实用 C 语言程序设计

语句作用是把字符'a'写入 fp 所指向的文件中。

对于 fputc 函数的使用也要说明几点。

①被写入的文件可以用写、读写、追加方式打开，用写或读写方式打开一个已存在的文件时将清除原有的文件内容，写入字符从文件首开始。如需保留原有文件内容，希望写入的字符以文件末开始存放，必须以追加方式打开文件。被写入的文件若不存在，则创建该文件。

②每写入一个字符，文件内部位置指针向后移动一个字节。

【例 9.2】显示例 9.1 中文件 flie_1.txt 的内容。

参考程序如下：

```
#include <stdio.h>
#include <stdlib.h>
int main（）
{
    FILE *fp;
    char file_name[20],ch;
    printf（"Enter filename:"）;
    scanf（"%s",file_name）; /*输入文件名*/
    if（（fp=fopen（"d:\\file_1.txt", "r"））==NULL） /*打开文件*/
    {
        printf（"file open error!\n"）; /*出错处理*/
        exit（0）;
    }
    while（（ch=fgetc（fp））!=EOF） /*从文件中读字符*/
    {
        putchar（ch）; /*输出字符到屏幕*/
    }
    fclose（fp）; /*关闭文件*/
    return 0;
}
```

图 9-3　例 9.2 运行结果

运行结果如图 9-3 所示。

假设文件"file_1.txt"中的内容是"C Programme"，以上程序执行时，屏幕等待输入路径及文件名，输入"d:\file_1.txt"，如果文件正常打开，则 while 语句将依次从"file_1.txt"中读入字符到内存，并调用 putchar 函数在屏幕上输出"C Programme"。

【例 9.3】以追加方式打开例 9.1 中文件 flie_1.txt 的内容，并添加新的内容"Transcript"。

参考程序如下：

```
#include <stdio.h>
#include <stdlib.h>
int main（）
{
    FILE *fp;
    char file_name[20],ch;
    printf（"Enter filename:"）；
    scanf（"%s",file_name）; /*输入文件名*/
    if（（fp=fopen（"d:\\file_1.txt", "a"））==NULL）  /*以追加方式打开文件*/
    {
      printf（"file open error!\n"）；         /*出错处理*/
      exit （0）；
    }
    getchar（）；     /*接收前面 scanf 语句的回车符*/
    while（（ch=getchar（））!='\n'）  /*从键盘读字符*/
    {
        fputc（ch,fp）；   /*将键盘读入的字符写到文件中*/
    }
    fclose（fp）；
    if（（fp=fopen（file_name,"r"））==NULL）  /*打开文件*/
    {
        printf（"file open error!\n"）；             /*出错处理*/
        exit（0）；
    }
    while （（ch=fgetc（fp））!=EOF）             /*从文件中读字符*/
    {
        putchar（ch）；   /*输出字符到屏幕*/
    }
    fclose（fp）；             /*关闭文件*/
    return 0;
}
```

图 9-4　例 9.3 运行结果

运行结果如图 9-4 所示。

假设文件"file_1.txt"中的内容是"C Programme"，以上程序执行时，屏幕等待输入路径及文件名，输入"d:\file_1.txt"，如果文件正常打开，通过键盘输入"Transcript"，屏幕上将输出"C Programme Transcript"。

对于二进制文件，如果想顺序读入一个二进制文件中的数据，可以用以下形式：

```
while （!feof （fp））
{
c=fgetc （fp） ;
...
}
```

当未遇到文件结束时，feof（fp）的值为 0，即！feof（fp）的值为 1，用 fgetc 函数读入一个字节的数据并赋值给整型变量 c，接着进行其他处理。直至遇到文件结束，feof（fp）的值为 1，即！feof（fp）的值为 0，不再执行 while 循环。

2. 文件的字符串读写

（1）读字符串函数 fgets （）

函数的调用形式为：

fgets （str, n, fp） ;

其中，参数 str 一般是作为缓冲区使用的字符型数组名，即为读取到的字符串的内存地址；参数 n 为读取字符的个数；参数 fp 为要读取文件的指针。

函数的功能是从指定文件读入一个字符串，该文件必须是以读或读写方式打开的。操作成功时，返回 str 的值；若发生错误或到达文件尾时，则返回一个空指针 NULL。

说明：

①该函数从 fp 指定的文件中读取一个字符串。当达到下列条件之一时，读取结束：已经读取了 n-1 个字符；当前读取到的字符为回车符；已读取到文件末尾。

②使用该函数时，从文件读取的字符个数不会超过 n-1 个，这是由于在字符串尾部还需自动追加一个'\0'字符，这样读取到的字符串在内存缓冲区正好占有 n 个字节。

③如果从文件中读取到回车符时，也作为一个字符送入由 str 所指的内存缓冲区，然后再向缓冲区送入一个'\0'字符。

（2）写字符串函数 fputs （）

函数的调用形式为：

fputs （str, fp） ;

其中，str 可以是指向字符串的指针或字符数组名，也可以是字符串常量；fp 为指向写入文件的指针。

函数功能是把一个字符串输出到磁盘文件上。如果操作成功,返回值为所输出的字符串中最后一个字符的 ASCⅡ值；否则，返回值为 EOF。

说明：

①该函数的功能是将由 str 指定的字符串写入 fp 所指向的文件中。

②与 fgets （）函数在输入字符串时末尾自动追加'\0'字符的特性相对应，fputs （）函数在将字符串写入文件时，其末尾的'\0'字符自动舍去。

【例 9.4】将例 9.1 文件 flie_1.txt 中的文本内容复制到另一个文件 file_2.txt 中。

参考程序如下：

```
#include <stdio.h>
#include <stdlib.h>
int main（）
{
    FILE *fp1,*fp2;
    char file1[20],file2[20],s[10];
    printf（"Enter file name1:"）;
    scanf（"%s",file1）;   /*输入文件名*/
    printf（"Enter file name2:"）;
    scanf（"%s",file2）;
    if（(fp1=fopen（file1,"r"）)==NULL）   /*只读方式打开 file1*/
    {
        printf（"file1 open error!\n"）;   /*出错处理*/
        exit（0）;
    }
    if（(fp2=fopen（file2,"w"）)==NULL）   /*只读方式打开 file2*/
    {
        printf（"file2 open error!\n"）;   /*出错处理*/
        exit（0）;
    }
    while（fgets（s,10,fp1）!=NULL）        /*从 fp1 中读出字符串*/
    {
        fputs（s,fp2）;                     /*将字符串写入文件 fp2 中*/
    }
    fclose（fp1）;          /*关闭文件*/
    fclose（fp2）;
    return 0;
}
```

运行结果如图 9-5 所示。

```
Enter file name1:d:\\file_1.txt
Enter file name2:d:\\file_2.txt
```

图 9-5　例 9.4 运行结果

3．文件的数据块读写

（1）fread 函数

函数的调用形式为：

fread （buf, size, count , fp）;

其中，buf 为读入数据在内存中存放的起始地址；size 为每次要读取的字符数；count 为要读取的次数；fp 为文件类型指针。

函数功能是从指定文件中读取一个指定字节的数据块。从 fp 所指向文件的当前位置开始，一次读入 size 个字节，重复 count 次，并将读入的数据存放到从 buffer 开始的

实用 C 语言程序设计

内存中；同时，将读写位置指针向前移动 size*count 个字节。函数操作成功时，返回实际读取的字段个数 count（不是字节数）；到达文件尾或出现错误时，返回值小于 count。

例如：

fread （farry, 4, 5, fp）；

其中，farry 为一个实型数组名，一个实型量占 4 个字节。该函数从 fp 所指的数据文件中读取 5 次 4 字节的实型数据，存储到数组 farry 中。

（2）fwrite 函数

函数的调用形式为：

fwrite （buf, size, count, fp）；

其中，buf 为输出数据在内存中存放的首地址；size 为每次要输出到文件中的字节数；count 为要输出的次数；fp 为文件类型指针。

函数功能是从 buffer 开始，一次输出 size 个字节，重复 count 次，并将输出的数据存放到 fp 所指向的文件中；同时，将读写位置指针向前移动 size*count 个字节。函数操作成功时，返回实际所写的字段个数 count（不是字节数）；返回值小于 count，说明发生了错误。

例如：

fwrite （iarry, 2, 10, fp）；

其中，iarry 为一个整型数组名，一个整型量占两个字节。该函数将整型数组中 10 个两字节的整型数据写入由 fp 所指的磁盘文件中。

【例 9.5】从键盘输入两名学生的信息（学号、姓名、年龄、专业名），将其存入 D 盘根目录下的文件 student_info.txt；再从该文件中读出数据，显示在屏幕上。

参考程序如下：

```
#include <stdio.h>
#include <stdlib.h>
#define SIZE 2
struct student        /*定义结构体:学号、姓名、年龄、专业名*/
{
    char num[10];
    char name[10];
    int age;
    char major[20];
} stu[SIZE],out;
void fsave ()
{
    FILE *fp;
    int i;
```

· 250 ·

```
    if（（fp=fopen（"d:\\student.txt","wb"））==NULL）      /*二进制写方式*/
    {
        printf（"cannot open file.\n"）;
        exit（1）;
    }
    for（i=0;i<SIZE;i++）   /*将结构体以数据块形式写入文件*/
    {
        if（fwrite（&stu[i],sizeof（struct student）,1,fp）!=1）
        {
            printf（"file write error.\n"）; /*写过程中的出错处理*/
        }
    }
    fclose（fp）;
}
int main（）
{
    FILE *fp;
    int i;
    for（i=0;i<SIZE;i++）    /*从键盘读入学生信息*/
    {
        printf（"input student %d:",i+1）;
        scanf（"%s%s%d%s",&stu[i].num,stu[i].name,&stu[i].age,stu[i].major）;
    }
    fsave（）;               /*调用函数保存学生信息*/
    fp=fopen（"d:\\student.txt","rb"）;      /*以二进制读方式打开数据文件*/
    printf（"NO.\t NAME\t AGE\t MAJOR\n"）;
    while（fread（&out,sizeof（out）,1,fp））    /*以读数据块方式读入信息*/
    {
        printf（"%-8s%-10s%-6d%-10s\n",out.num,out.name,out.age,out.major）;
    }
    fclose（fp）;        /*关闭文件*/
    return 0;
}
```

运行结果如图 9-6 所示。

```
input student 1:A190101 ZhangMin 19 ComputerScience
input student 2:A190201 LiJing 18 InformationSecurity
NO.      NAME      AGE      MAJOR
A190101 ZhangMin  19       ComputerScience
A190201 LiJing    18       InformationSecurity
```

图 9-6　例 9.5 运行结果

4．文件的格式化输入输出函数 fscanf（ ）和 fprintf（ ）

fprintf 函数、fscanf 函数与 printf 函数、scanf 函数的作用相仿，都是格式化读写函数。只有一点不同：fprintf 和 fscanf 函数的读写对象不是终端而是磁盘文件。这种函数的一般调用方式为：

fprintf （文件指针,格式控制字符串 ，输出项表列）；

fscanf （文件指针,格式控制字符串 ，输入项表列）；

fprintf 函数操作成功，返回实际被写的字符个数；出现错误时，返回一个负数。fscanf 函数操作成功，返回实际被赋值的参数个数；若返回 EOF，则表示试图去读取超过文件末尾的部分。

例如：

fprintf （fp , " %2d , %6.2f " , i , t ）；

语句作用是将整型变量 i 和实型变量 t 的值按%d 和%6.2f 的格式输出到 fp 所指的文件中。如果 i=9，t=5.7，则输出到磁盘文件中的是以下的字符串（□表示 1 个空格）：

□9,□□5.70

同样，用以下 fscanf 函数可以从磁盘文件上读取 ASCⅡ码字符：

fscanf （ fp , " %d , %f " , &i , &t ）；

磁盘文件中如果有以下字符：

9 , 5.7

则将磁盘文件中的数据 9 送给变量 i,5.7 送给变量 t。

用 fprintf 和 fscanf 函数对磁盘文件读写，使用方便，容易理解，但由于在输入时要将 ASCⅡ码转换为二进制形式，在输出时又要将二进制形式转换成字符，化费时间比较多。因此，在内存与磁盘频繁交换数据的情况下，最好不用 fprintf 和 fscanf 函数，而用 fread 和 fwrite 函数。

9.3.2　文件的定位

虽然对许多应用来说顺序访问是很好的，但是某些程序需要具有在文件中跳跃的能力，即可以在这里访问一些数据又可以到那里访问其他数据。例如，如果文件包含一系列记录，我们可能希望直接跳到特殊的记录处，并对其进行读入或更新。"stdio.h" 通过提供定位函数来支持这种形式的访问，这些函数允许程序确定当前的文件位置或者允许改变文件的位置。

1．fseek 函数

函数的调用形式为：

fseek （fp, offset, from）；

其中，fp 为指向当前文件的指针；offset 为文件位置指针的位移量，指以起始位置为基准值向前移动的字节数，并要求 offset 为 long 型数据；from 为指针的起始位置，其值必须是 0、1、2 之一，它们分别表示在 stdio.h 中定义的三个符号常量，如表 9-4 所示。

表 9-4　fseek 函数的起始位置

起始位置	符号常量	数值
文件起始处	SEEK_SET	0
文件当前位置	SEEK_COR	1
文件末尾处	SEEK_END	2

函数的功能是将文件位置指针移到由起始位置开始、位移量为 offset 的字节处。通常情况下，fseek 函数返回零。如果产生错误（例如：要求的位置不存在），那么 fseek 函数就会返回非零值。offset 为负数时，表示向文件头方向移动（也称后移）；offset 为正数时，表示向文件尾方向移动（也称前移）。

fseek 函数调用举例如下：

fseek （fp , 20L , 0）； /* 将文件位置指针从文件头向文件尾移动 20 个字节 */

fseek （fp , -30L , 1）；/* 将文件位置指针从当前位置向文件头移动 30 个字节 */

fseek （fp, -10L , SEEK_END）；　　 /*将文件位置指针从文件尾向文件头移动 10 个字节*/

2．ftell 函数

函数的调用形式为：

ftell （fp）；

函数功能是以长整型返回当前文件位置。用相对于文件开头的位移量来表示。由于文件中的位置指针经常移动，人们往往不容易辨清其当前位置。用 ftell 函数可以得到当前位置。函数返回值为长整型，如果发生错误，ftell 函数会返回-1L（EOF）。ftell 可能会存储返回的值并且稍后将其提供给 fseek 函数的调用，这也使返回前一个文件位置成为可能：

long int file_pos;

file_pos=ftell （fp）；

fseek （fp, file_pos, SEEK_SET）；

3．rewind 函数

函数的调用形式为：

rewind （fp）；

函数功能是将文件指针 fp 所指向的文件内部的位置指针移动至文件的开始处，调用 rewind （fp）函数几乎等价于 fseek （fp, 0L, SEEK_SET），两者的差异是 rewind 函数不返回值，但是会为 fp 清除掉错误指示器。

【例 9.6】对例 9.2 中的 file_1.txt 文件进行定位操作，再以数据块方式进行读操作并显示结果。

参考程序如下：

```
#include <stdio.h>
#include <stdlib.h>
int main （）
{
    FILE *fp;
    char file_name[20],ch,data[10]="123";
    printf （"Enter filename:"）;
    scanf （"%s",file_name）;                     /*输入文件名*/
    if （（fp=fopen （file_name, "r"）） ==NULL）    /*打开文件*/
    {
        printf （"file open error!\n"）;           /*出错处理*/
        exit （0）;
    }
    fseek （fp,2L*sizeof （char）,0）;/*将位置指针从文件开头偏移 2 个字节*/
    fread （data,sizeof （char）,9,fp）;/*以块的形式读 9 个字节到数组 data 中*/
    printf （"%s\n",data）;
    fclose （fp）;                  /*关闭文件*/
    return 0;
}
```

运行结果如图 9-6 所示。

```
Enter filename:d:\\file_1.txt
Programme
```

图 9-6　例 6.9 运行结果

9.3.3　文件的出错检测与处理

在磁盘的输入、输出操作中，可能会出现各种各样的错误。例如，磁盘介质的缺陷或磁盘驱动器未准备就绪或引用文件的路径不正确都会造成文件读写的错误。为了避免出错，C 语言又提供了几个用于检查、处理文件读写错误的函数。

1．ferror 函数

函数的调用形式为：

ferror（fp）；

函数功能是测试文件操作是否有错误，若返回零值表示正确，否则表示出错。

说明：调用 fopen 函数时，ferror 的函数初值自动置为 0。

对同一个文件，每次调用 ferror 函数都会产生一个新的 ferror 函数值与之对应，因此对文件每执行一次读、写操作以后，应及时检查 ferror 的函数值是否正确，以避免数据丢失。例如：

if （ferror（fp））

｛

printf （" File can't I/O!\n "）；

　　fclose （fp）；

　　exit （0）；

｝

2．clearerr 函数

函数的调用形式为：

clearerr （fp）；

函数功能是使由指针 fp 指向的文件出错标志连同文件结束标志一起复位成 0。

说明：若对文件读写时出现了错误，ferror 函数就返回一个非零值，而且该值一直保留到对文件执行下一次读、写为止。若及时调用本函数就能清除出错标志，使 ferror 函数的函数值复位为 0。

3．exit 函数

当文件操作出现错误时，为了避免数据丢失，正常返回操作系统，可以调用本函数关闭文件，终止程序的执行。

函数的调用形式为：

exit （status）；

函数功能是清除并关闭所有已打开的文件，写出文件缓冲区的所有数据，程序按正常情况由 main 函数结束并返回操作系统。

说明：参数 status 为状态值，它被传递到调用函数。按照惯例，若 status 取零值，表示程序正常终止，否则表示有错误而终止。

4．feof 函数

函数的调用形式为：

feof（fp）；

函数功能是在执行读文件操作时，如果遇到文件尾，则函数返回 1；否则返回 0。

参考文献

[1] 车进，曾建成. C 语言程序设计 [M]. 上海：复旦大学出版社，2017.

[2] 曾建成. C 语言程序设计教程 [M]. 西安：西安交通大学出版社，2016.

[3] 曾建成. C 语言程序设计教程上机指导与习题 [M]. 西安：西安交通大学出版社，2016.

[5] 苏小红. C 语言大学实用教程 [M]. 4 版. 北京：电子工业出版社.2017.

[6] 张正明，卢晶琦. C/C++程序设计 [M]. 北京：清华大学出版社，2017.